無印良品
生活研究所

無印良品生活研究所

中文版序 [1] | 金井政明 [MUJI / 良品计划株式会社总裁兼代表董事]

如果有人问我〝你富有吗？〞，我一定毫不犹豫地回答〝富有〞。当然，从高价物品或者名牌的拥有数来衡量，我可能算不上富有。不过从另一个角度来看的话，我是富有的。因为我能够挑选符合自己审美观的物品来过舒适的生活，即便我选的东西既不昂贵也不是名牌。而让我意识到〝富有〞的另一层含义的，正是無印良品。

無印良品以反对消费社会的理念诞生于 1980 年。当时的日本经济快速发展，但出现了两极分化的现象：市场上销售着价格高昂的名牌，也到处充斥着廉价的伪劣商品。在这样的社会风潮中，無印良品开始致力于挖掘物品本身的价值、彻底杜绝浪费。而無印良品的这个理念也存在于以〝素〞为主旨的日本审美观中。从书院式建筑到茶道、花道乃至日常生活细节，日本人往往能于朴素、简洁中发现强大与美。自古以来，日本人在生活中倾向于认为，简单的一把剪刀里不光注入了能工巧匠的灵魂，里头还住着神明。因此即便是毫不起眼的东西，他们也会珍惜使用。

在奔向现代化的过程中，日本人慢慢忽视、忘却了该珍视的东西。随着批量生产、大量消费潮流的出现，越来越多的传统技术渐渐失传。正是因为经历了这样的错误，我们才想在世界范围中寻找〝富有〞的真正含义，并传达给全世界。也因为如此，才有了〝FOUND MUJI〞这个寻找全球范围内优质产品的活动。在世界各地都存有很多奢侈品无法媲美的事物，更不用说拥有悠久历史的中国了，这里应该有更多更多。通过重新关注这些事物，重新审视它们的价值，我们才能够理解什么是真正的富有。

经历物质匮乏的年代之后，日本正处于物质极大丰富的时代。在业已成熟的时代中，我们不应该关注如何靠物质来丰富生活，而是应该更加关注生活方式本身。作为無印良品的研究项目之一，《無印良品的生活研究所》持续探讨我们如何面对当今日本社会的生活方式。我们希望通过中文版的发行，借由我们的研究内容为经济飞速发展环境里的中国人提供有价值的〝未来生活〞参考方案。

作为亚洲的一员，我们期待在重新审视自身的同时，也能够充分了解各国的价值观，共同为亚洲的繁荣做贡献。我们也非常希望，本书的出版能够成为我们与中国同仁们一道探讨亚洲未来发展的契机。

中文版序 [2] | 土谷贞雄 [生活良品研究所 研究员]

《生活中心》是无印良品"生活良品研究所"发行的季刊。我们深入挖掘研究所正在关注的课题，尝试发现日常生活中的新鲜课题。根据每一期主题内容，我们会先找来相对应的专家或者设计师，通过对他们的采访开展深入研究，同时我们也对用户开展问卷调查，从他们的反馈当中也能获得一些灵感。此外，我们还拜访用户、观察他们的生活，由此来构想现代日本的生活及其理想状态。我们并不是要寻找课题的"答案"，而是认为提出"问题"才是最重要的。好的问题会带出好的回答。可以说，这本小册子就是持续寻找好问题的一项工作。

发行这本册子的"生活良品研究所"是无印良品于 2009 年成立的内部机构，以"循环的原点、循环的未来"为口号，以"检验过去、思考未来生活"为目标。研究所的活动在网站上开展，通过与广大用户交流意见，逐步扩大了读者群。在网站上除了开辟专栏，也发布谈话活动、展览企划、用户问卷调查以及商品改良等相关信息。同时，网站也保留了无印良品的历史，通过回顾过去，记录了无印良品所走过的道路。此外，每周更新的专栏还会提出新的课题，与广大用户交流宝贵意见。这些来自用户们的意见汇总就成为了这本小册子的基础。

眼下的日本物质过剩。"想拥有更多的东西"、"想拥有更昂贵的东西"的需求确实带来了经济的高度发展。但如今物品趋于饱和的日本，其社会需求正在从"持有"物品向"如何使用"，通过物品"实现什么样的生活"的方向转变。整个社会开始脱离以往大量生产、大量消费的状态，走向持续发展。区别于"更好更多"的理念，"这样就好"的理性价值观正开始萌芽。

我们想要发现人们生活的"未来"。作为"提供生活方案"而非"销售商品"的企业，无印良品期待能够为社会发展进步做出贡献。当然这其中会有许多矛盾，但我们认为，直面这些矛盾也是非常重要的。

进化通常存在于日常生活中细小的动静里。站在社会普遍价值观对立面发展而来的无印良品，期望能够关注时代细微的发声、捕捉社会中细小的变化，与下一个时代相接轨。

我们的活动才刚刚开始迈出一小步。

我们认为，生活的发展不会有终点，它存在于我们不断思考的过程中。我们希望能够在不断思考的同时会有新的火花迸发，也希望与更多的人分享我们的成果。如果各位能从这本小册子中感受到我们的这一份心意，便是我们的荣幸。

享受清洁

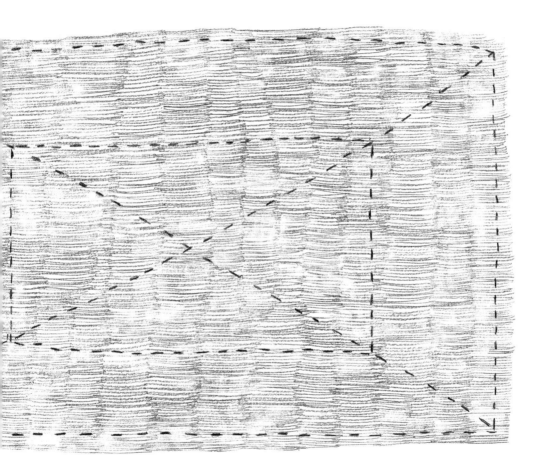

我们对日常的家务特别是清洁清理进行了思考。

思考生活，便是思考每一天的小事吧。

每个人都想轻松地完成清洁工作，但这确实费时又费事。

即便有了吸尘器等便利的家电，但使用普通的工具做家务会不会更省事呢？

在综合"发现脏了立即处理"、"做家务不拖沓"等意见之后，

我们注意到不好放置的地板擦，并开发出收纳地板擦的盒子。

这个既不影响美观又能够站立的盒子，你觉得怎么样呢？

"生活良品研究所"
启动了。

1980 年，無印良品从仅仅销售 40 款食品及家居用品起步，
伴随着顾客的认同度不断提升，至今已经能够提供 7000 多种商品。
以满足基本生活为第一理念而诞生的这些商品，
是同作为生活者和消费者的顾客进行各种交流的产物。
2009 年秋，为了更进一步探寻好用品，無印良品在公司内部启动了研究部门，
并命名为"生活良品研究所"，通过实体店铺及网络与顾客开展交流，
同时对现有产品进行验证并开发新产品。
"生活良品研究所"会让世界上越来越多的人认同無印良品的产品，
是思考优质生活形态的研究所。
以"循环的原点，循环的未来"为口号，和大家一起思考满足未来时代要求的
良品特征。

享受清洁

清洁是"每天都要做"的基本家庭劳作，实际却不是所有人"天天都在做"的。

比如即使有时间，谁都想更有效率地在短时间内完成。

我们实际所需的清洁工具是什么？

准确高效利用这些工具的方法是什么？

该用什么样的吸尘器？

如果主动思考这些问题，或许清洁也会成为生活乐趣之一。

我们用了八个月的时间同顾客一起思考清洁这一问题。我们关注的并不是清洁工具本身，而是制造出收纳这些工具的容器。于是就诞生了自立式地板擦盒。方便取出，也方便收纳，就像是地板擦的家。这件产品的诞生故事在后文中有详细说明。

自立式地板擦盒

在对清洁进行的研究中,我们发现了很多顾客常见的问题。
为了解决这个问题,我们找寻到一个可靠的答案,就是这种盒子。
通过同大家的交流,我们来介绍新产品诞生的经过。

**访问很多家庭,
调查清洁工具的实际使用情况。**

请求受访者让我们看清洁工具的存放场所,询问他们有哪些困惑等,充分收集研究素材。

||||||||||||||||||||
详情见 P14
||||||||||||||||||||

**确定"享受清洁"
的研究课题**

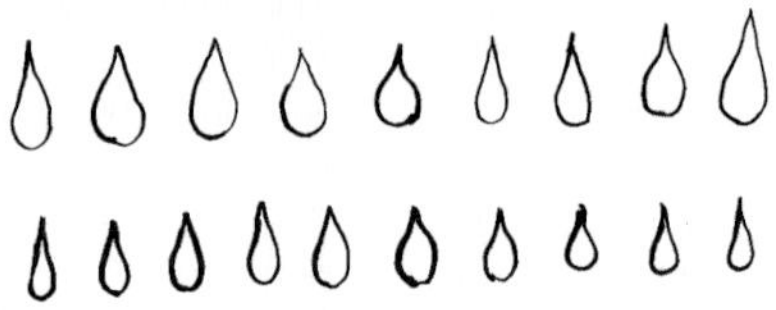

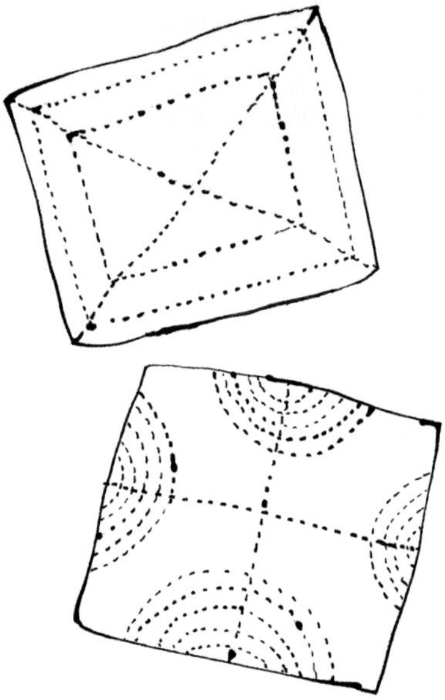

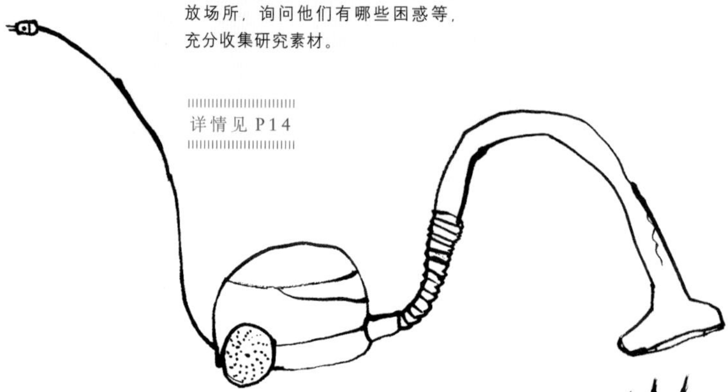

**网站上,
每天都能听取顾客的声音。**

"生活良品研究所"的网站每天都会接收许多投稿。我们会充分分析这些顾客的反馈,制成市场调研表。

通过网站
进行清洁工具的
市场调研。

询问每种清洁工具的使用频率。共收到答复
9247份。其中,发现了"轻便简洁"、"清洁仔细"、
"清洁工具的收纳场所"等关键词。

详情见 P16

"自立式地板擦盒"创意的产生。

重点关注大多数人经常使用的地板
擦。方便取用,即使放在显眼的位
置也不影响美观,而且是自立式的。
我们已经努力将其商品化。

地板擦的转动长柄使用
时非常方便,但是竖直
摆放时总是容易倒下。
所以就想出通过盒子解
决收纳问题的创意。
[产品开发负责人]

提出 3 种创意方案,
进行投票选择。

我们需要怎样的功能才能更加轻松地使用地
板擦?我们从这一问题出发,给出了不同层面
的3种创意作为提示。

详情见 P19

以投票最多的创意为原型,
实现商品化。

详情见 P19

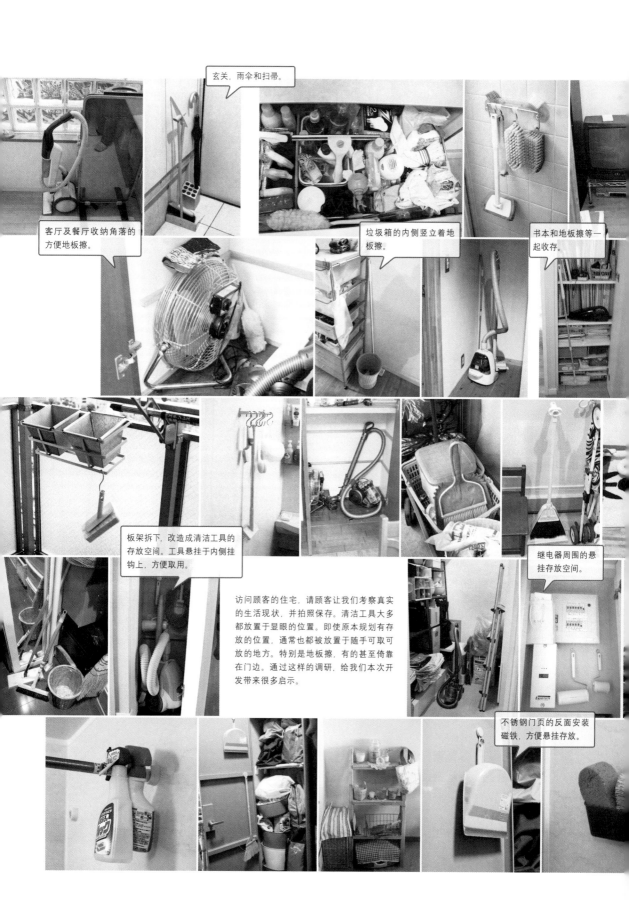

玄关，雨伞和扫帚。

客厅及餐厅收纳角落的方便地板擦。

垃圾箱的内侧竖立着地板擦。

书本和地板擦等一起收存。

板架拆下，改造成清洁工具的存放空间。工具悬挂于内侧挂钩上，方便取用。

访问顾客的住宅，请顾客让我们考察真实的生活现状，并拍照保存。清洁工具大多都放置于显眼的位置。即使原本规划有存放的位置，通常也都被放置于随手可取可放的地方。特别是地板擦，有的甚至倚靠在门边。通过这样的调研，给我们本次开发带来很多启示。

继电器周围的悬挂放空间。

不锈钢门页的反面安装磁铁，方便悬挂存放。

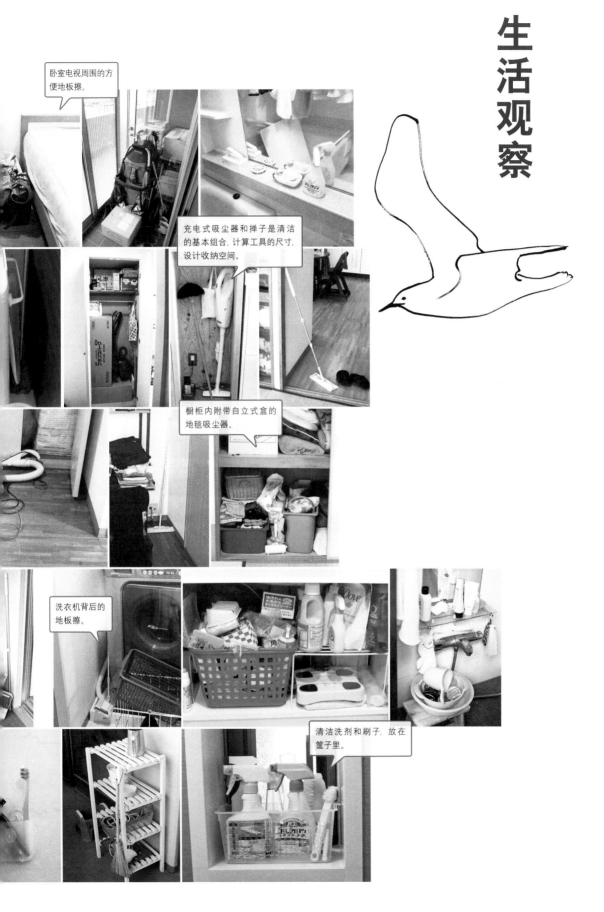

卧室电视周围的方便地板擦。

充电式吸尘器和掸子是清洁的基本组合，计算工具的尺寸，设计收纳空间。

橱柜内附带自立式盒的地毯吸尘器。

洗衣机背后的地板擦。

清洁洗剂和刷子，放在筐子里。

清洁工具相关的调查报告

为了探寻方便使用并真正需要的工具，
向大家咨询各种清洁工具的使用频率。
此外，我们还按照家庭形态进行分类，
特别关注双职且养育子女的"多忙家庭"的实际情况。

"清洁工具的相关调查" 2009 年实施 共 9247 份

家庭各部分的清洁频率如何?

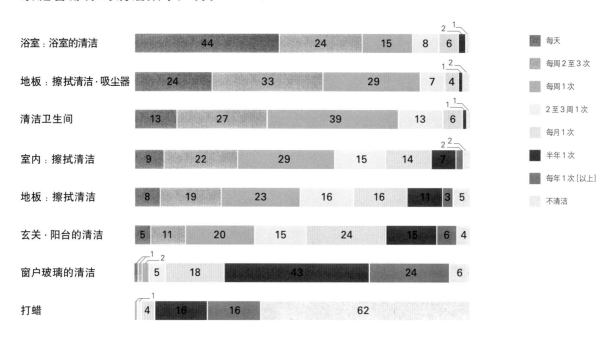

图例
■ 每天
■ 每周2至3次
■ 每周1次
2至3周1次
每月1次
■ 半年1次
■ 每年1次[以上]
不清洁

浴室：浴室的清洁　44 / 24 / 15 / 8 / 6 / 2 / 1
地板：擦拭清洁·吸尘器　24 / 33 / 29 / 7 / 4 / 1 / 2
清洁卫生间　13 / 27 / 39 / 13 / 6 / 1 / 1
室内：擦拭清洁　9 / 22 / 29 / 15 / 14 / 7 / 2 / 2
地板：擦拭清洁　8 / 19 / 23 / 16 / 16 / 11 / 3 / 5
玄关·阳台的清洁　5 / 11 / 20 / 15 / 24 / 15 / 6 / 4
窗户玻璃的清洁　1 / 2 / 5 / 18 / 43 / 24 / 6
打蜡　1 / 4 / 16 / 16 / 62

结果　**第 1 位是浴室的清洁**
第 2 位是地板的擦拭清洁

62% 的受访者回复不打蜡。目前新家不打蜡的较多也是其原因之一。相反，大多数家庭追求通过每天简单的干式清扫解决地板清洁问题。

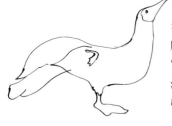

顾客提供的
**"希望告诉你们的
清洁秘诀及好点子"。**
出自"生活良品研究所"的投稿

纸巾及地毯吸尘器等组合，放置于房内的各处空间内。为不影响内装效果，收纳于精美的箱子内，平日随心打扫及收拾即可。这样一来，不用费劲清洁，家里也能保持整洁。

[女性·30岁出头 / 夫妇 + 孩子 / 双职家庭]

按家庭形态分类对地板的清洁频率进行的对比。

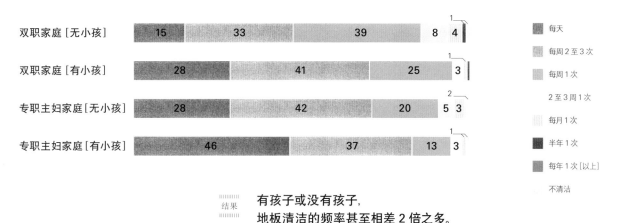

分类	每天	每周2至3次	每周1次	2至3周1次	每月1次	半年1次	每年1次[以上]
双职家庭 [无小孩]	15	33	39	8	4	1	
双职家庭 [有小孩]	28	41	25	3		1	
专职主妇家庭 [无小孩]	28	42	20	5	3	2	
专职主妇家庭 [有小孩]	46	37	13	3		1	

结果　有孩子或没有孩子，
地板清洁的频率甚至相差 2 倍之多。

清洁地板时使用什么工具？

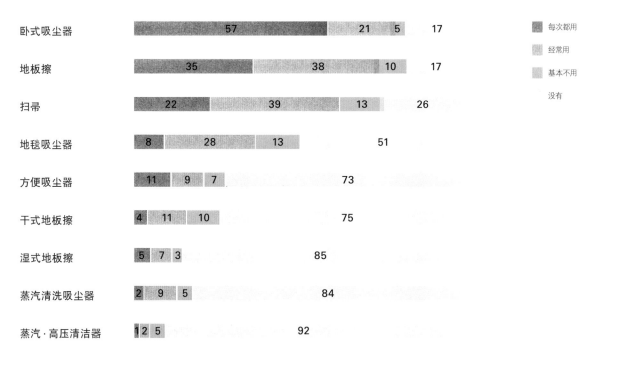

工具	每次都用	经常用	基本不用	没有
卧式吸尘器	57	21	5	17
地板擦	35	38	10	17
扫帚	22	39	13	26
地毯吸尘器	8	28	13	51
方便吸尘器	11	9	7	73
干式地板擦	4	11	10	75
湿式地板擦	5	7	3	85
蒸汽清洗吸尘器	2	9	5	84
蒸汽·高压清洁器	1	2	5	92

结果　第 1 位是卧式吸尘器
第 2 位是地板擦

每次都使用的工具选择"卧式吸尘器"的
最多，其次是轻便实用的"地板擦"。最
近公寓中铺地板的逐渐增多，也是使用
地板擦频率提升的原因之一。

说到清洁，就是要创造出方便整洁的房屋。最关键的就是收纳空间要整齐实用，这样就会节省很多清洁的精力。

[女性·35岁多 / 独居生活]

为了方便地面清扫，母亲将放地上的物品全部安装了脚轮。我也尽量选择带脚轮的家具及小收纳用品。

[女性·30岁出头 / 夫妇一家 / 双职家庭]

将棕榈材质的小扫帚 [20cm左右] 放置于每个房间。想到时方便取用，不需要进行大清洁。旧T恤不要扔掉，可以裁剪成适当大小，制作成清洁布条。

[女性·60岁]

有 / 无孩子对地面清洁工具的使用频率的影响

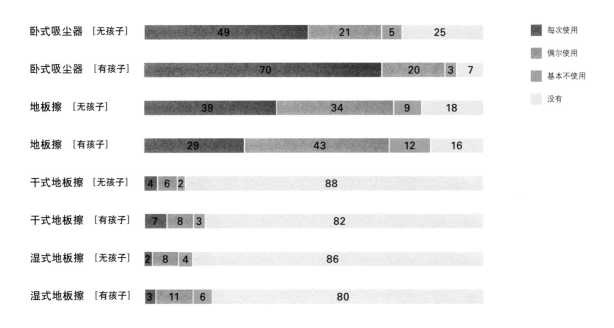

	每次使用	偶尔使用	基本不使用	没有
卧式吸尘器 ［无孩子］	49	21	5	25
卧式吸尘器 ［有孩子］	70	20	3	7
地板擦 ［无孩子］	39	34	9	18
地板擦 ［有孩子］	29	43	12	16
干式地板擦 ［无孩子］	4	6	2	88
干式地板擦 ［有孩子］	7	8	3	82
湿式地板擦 ［无孩子］	2	8	4	86
湿式地板擦 ［有孩子］	3	11	6	80

结果　没有孩子的家庭
　　　较频繁使用地板擦

仅"地板擦"的使用频率方面，没孩子的家庭比有孩子的家庭更高。独居生活地板灰尘少，所以偏向使用看到灰尘即可随手清洁的轻便工具。

擦拭清洁时，使用什么样的工具?

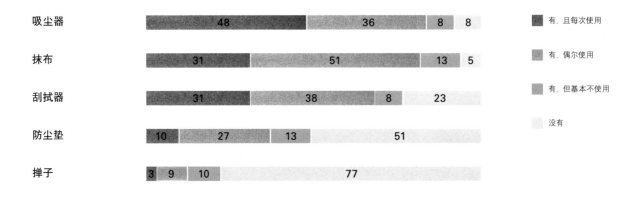

	有, 且每次使用	有, 偶尔使用	有, 但基本不使用	没有
吸尘器	48	36	8	8
抹布	31	51	13	5
刮拭器	31	38	8	23
防尘垫	10	27	13	51
掸子	3	9	10	77

结果　第 1 位是吸尘器
　　　第 2 位是抹布

擦拭清洁也使用"吸尘器"［搭配使用，吸尘灰尘］真是值得深思的结果。从地面到柜子等都用吸尘器清洁的人也很多。所以，需要进一步研究吸尘器的使用方法。

收纳空间充足，而且放置于显眼的位置，只要擦拭就能解决全部清洁工作是再好不过的事情了。

［女性·35岁以上 / 夫妇家庭 / 双职家庭］

即使价格稍高，也需要能够满足自己需求的清洁工具。清洁工具置于方便取放的位置，想起来就用一下，不会麻烦。

［女性·35岁以上 / 夫妇家庭 / 双职家庭］

地面铺设地板后，用扫帚及簸箕清洁即可。地板擦适合清除灰尘及毛发等，但是对食物残渣等固体垃圾用的却不是很顺手，扫帚能轻松应对固体垃圾，且方便取用及存放，感觉哪里脏了可以轻松清洁。

［女性·35岁以上 / 夫妇 + 孩子家庭 / 专业主妇］

無印良品的回复

根据调查结果，地板擦需要新的功能，
也就是"方便取用，放置于显眼的位置也不影响美观，自立式最好"。
所以，就产生了自立式地板擦盒的创意。
不同层面的3种类型，并广泛听取了顾客的意见。

878 票　　　　　　　　　　　　　**130 票**　　　　**273 票**

可连接的平顺型盒

自立式地板擦，方便收纳的盒。附带磁铁，可吸附于冰箱侧边等处。连接后，可存放替换用手柄或替换用地擦布，还可存放垃圾等。

可用作簸箕的盒

可将地板擦上附着的少量垃圾一起存放的盒。朝向背面收存地板擦，地板擦的前端被隐藏起来。也可以用于存放清扫工具中的扫帚。

全收纳型盒

可将地擦头及地擦布等替换部件一同收纳，也可用作簸箕的盒。底部附带滚轮，方便移动至需要清洁的位置。

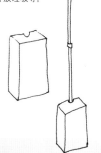

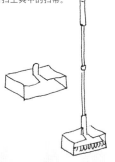

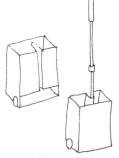

**结果，"平顺型盒"
取得全面胜利。**

以得票数最多的"可连接的平顺型盒"为基础，为了解决结构、尺寸、价格等问题，反复进行试制，最后便出现了这个形态。具有稳定感的横卧设计，舍弃连接工具，构思出不用弯腰也能打开的结构。

清洁用品系统 地板擦盒
约27cm［宽］×9cm［深］×14cm［高］
含税 **600** 日元

为了烹饪美食时能有好心情，这里也要变得整洁。

打开店门，听着砧板上叮叮咚咚的切菜声。开店 3 小时前，里屋的厨房灶台旁，主厨佐藤和助手正在进行准备工作。油烟机下方是光亮的炒锅及平底锅整齐地悬挂排开，甚至能映照出厨师们的身影。

烧制的砖瓦搭配木制地板，还有温馨的桌面及大理石的柜台。置身于整洁舒适的店面内，与其说是餐馆，更像是来到亲密朋友的家的感觉。佐藤始终坚持的"营造出让顾客安心、轻松品尝美食的餐馆氛围"的理念完全反映到这种温馨的居家氛围之中。"叮叮咚咚"的店名也是源自锅具及砧板碰击的厨房之声。

"对厨师来说，清洁如何是好？"面对这样的问题，佐藤给了我清楚明确的答案："能让自己轻松烹饪，同时能让顾客轻松享受美食。"所以，烹饪工具及餐具等保持整洁也是清洁工作之一。随意放置于柜台架子上的酒杯及水瓶亮得耀眼。恐怕家里也做不到这么好吧。佐藤说："清洗的同时认真将其擦拭干净，就能保持整洁。"秘诀就在于用热水清洗，并在关水后认真擦拭干净。"我做了很多年了，洗杯子或擦盘子都很棒，不信可以试试！"是什么让佐藤这么有信心？那就是横纵都比平常抹布大 15cm 的大号抹布。确实如此，这样一来大盘子或玻璃杯上都不会留下指纹。

除了每天进行的常规清洁，每周还要对灶具周围进行仔细清洁，半年休业一次进行彻底清洁。佐藤女士很是劳心于打扫，基本遵循"有污渍了或感觉不舒服了都要及时清洁"的宗旨。只有这样才能轻松完成清洁工作，头脑想到前，身体就已经本能地开始动起来打扫卫生了。日常的活动中，无意识地包含着细微清洁工作，营造出佐藤的烹饪旋律。

清洁就是为了让自己工作时的心情更好。无论如何，佐藤言语中的深层含义触动了我的心。

包住底部，边转动边擦拭，发出摩擦的声音，使玻璃杯更加光亮。最好使用蜂窝布或日本布手巾。

中目黑的餐馆"叮叮咚咚"的主厨佐藤。

咚咚咚，嗒嗒嗒。就像赤脚在地板上踏步一样，年轻的僧侣动作麻利地用抹布擦拭地面。在被称作百间走廊的长廊上奔走擦拭。轻快的声音简直就像歌舞伎者表演的舞台。

这里就是曹洞宗的大本山总持寺。15万坪的广阔腹地中，160位僧侣每天励志修行。禅寺内，日常的所有行为就是修行。特别是擦地、扫地、擦窗、除草等劳作也被称之为"作务"，是同"静态修行"的坐禅一样被重视的"动态修行"。

作务之一就是擦拭连接七堂伽蓝的走廊。僧侣们每天早晚各一次，擦拭三倍于152米的百间走廊的距离，让人难以想象的辛苦劳作。无论任何一个年轻僧侣，最初擦拭10米就会感到筋疲力尽。需要一周左右才能逐渐习惯，而真正整洁擦拭完成则需要一整年的练习。年龄大的人通过每天训练也会锻炼出惊人的力量，这就是修行的成果。

每天，持续不断的日课中，渐渐形成清静的思想，厌恶或疲倦会慢慢消失，气息会更加温和。换个视角考虑，看似辛劳的劳作活动对己对人都有益处。

凭借自己的经验，花和浩明老师正在指导年轻的僧侣们擦地。

作务时穿的衣服也是作务衣。确实，这种衣服是依照方便劳作的功能制作的，清晨的走廊穿着作务衣的僧侣们正全心地擦拭着地面。但是，寺内也有不能穿着作务衣进行打扫的地方，如供奉佛祖释迦牟尼的佛殿，以及清晨起身后坐禅及吃饭的禅堂等。

总之都是神圣的场所，必须穿着正装进行打扫。"通过这种打扫磨练自己。同坐禅一样，形成每日的日常行为准则，成为准则后就能看清本质，从而体会到其中乐趣。"这就是满脸慈祥笑容的花和老师的深切体会。老师在20年前也在这间总持寺修行3年。年轻的僧侣们每天在走廊磨练着自己的意志。早晚各一次，每天必不可少，持续数十年擦拭出的走廊油黑光亮，甚至能映照出步行而过的人的身影。

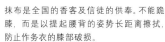

抹布是全国的香客及信徒的供奉。不能跪膝，而是以提起腰背的姿势长距离擦拭，防止作务衣的膝部破损。

清洁是什么？

每天持续形成行为准则，形成准则后就能体会到乐趣所在。

天然清洁

追求在忙碌的日常生活及有限的时间里可以实现的合理性清洁方法，
希望大家尽量使用对环境有益的安全洗剂。
对大家使用小苏打及柠檬酸的调查结果进行介绍。

"清洁工具的相关调查" 2009 年实施 共 9247 份

附清洁指导
天然清洁组合
含税 **1050** 日元

無印良品的配方卡 >>>

可在网站下载。
http://www.muji.net/lab/
cleaning_card.pdf

是否有天然清洁的经验？   **有经验的人是否持续至今？**

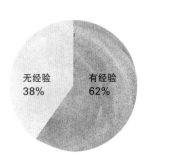

无经验
38%

有经验
62%

否 4%

基本没有
18%

有
26%

不好说
26%

基本有
26%

结果

有经验者占到 6 成。
持续使用的占其中的约一半。

有天然清洁经验的人甚至占到 62%。其中，回答"现
在还在用 / 基本在用"的人占到 52%。约一半的人因
为某些理由放弃了使用。

达人经验

为了持续感受天然清洁的乐趣，
应该如何做呢？
日常实践经验丰富的
山崎美津江向我们介绍了熟练使用的秘诀。

 只要掌握去除污渍的原理，
就能轻松享受其中的乐趣。

清洁工具放置于洗衣机侧
面，需要时，方便取用。

山崎在 7 至 8 年前就开始使用小苏打。了解了通过
酸碱中和去除污渍的道理后，大家也通过实际体验，
验证了其令人惊讶的效果。

但这种好东西为什么总是不能得到普及呢？或许是
因为有两点还没有说明清楚。

其一，"通过酸碱中和去除污渍"的原理。八成左右
的家庭污渍是被称作为"脂肪酸"的酸性污渍，能
被弱碱性的小苏打中和。

其二，浓度的问题。小苏打水溶液的浓度超过 8%
会呈现出白色，其实更稀的浓度即可充分去除污渍，
或者通过带有相反性质的柠檬酸中和，就能消除白

色残留。为了传播上述两个关键点，山崎在其出版的
《简单生活的基本清洁》[妇人之友出版社] 中也做出说
明。只要弄清原理和实际感受后，必定能够得到普及。

使用方法大体有粉末、水溶液及浆料三类。粉末可直
接播撒使用，小苏打粉末还可清洗洗衣机，对生物
垃圾还有防臭的功效；水溶液是小苏打及柠檬酸搭配
200ml 水配制出的溶液。

如果小苏打没有白色残留，无需搭配柠檬酸使用，以
上用量就已足够，将水溶液放入喷壶内，喷洒在污渍
位置即可；如果遇到顽固污渍，山崎建议将小苏打、
皂粉及水同量搅拌成浆料。涂抹在重度污染处放置一
定时间，污渍结构松散后就会达到更好的效果。

去除污渍的原理

污渍及臭味分为酸性和碱性两类。清洁的基本原理就是中和污渍。酸性的污渍使用弱碱性的小苏打，碱性的污渍使用酸性的柠檬酸。严重的油污及顽固的黑霉斑等可以借助皂粉及酸性漂白剂的辅助作用。

小苏打和柠檬酸的特点

两种都是对人体及环境无害的食品原料。根据污渍的种类，其效果会有一些差别，但都可广泛用于各种家庭清洁作业中。

> **酸性污渍**
> 皮脂污渍·水锈·生物垃圾
> ← 用小苏打清洁

> **碱性污渍**
> 尿·皂粉·烟焦油
> ← 用柠檬酸清洁

柠檬酸 ▼ 小苏打 ▼ 皂粉·酸性漂白剂 ▼

0　1　2　3　4　5　6　7　8　9　10　11　12　13　14　PH

酸性　　　食醋▲　　碳酸水▲　　　中性　　海水▲　　　　　　　碱性

柠檬酸

○ 水果的酸味成分

○ 酸性
[可中和碱性的水迹、肥皂霉斑、尿等污渍，使其更易脱落]

○ 溶解 & 清洗作用
[溶解水中的钙，防止水垢产生]

※ 柠檬酸如果同氯系漂白剂混合，则有产生有毒气体的危险。使用时请注意。

小苏打

○ "碳酸氢钠" 或 "小苏打"，天然矿物质的一种。

○ 弱碱性
[中和酸性污渍及皮脂污渍，使其容易脱落]

○ 细密的粒子发挥稳定研磨的作用

炉灶周围喷洒小苏打

日常的油污及擦拭污渍可喷洒小苏打，放置一定时间后用布擦净即可。

清洁排水口、去除异味

将同量的小苏打及醋注入排水口，通过发泡作用分解污渍。放置30分钟后用热水洗净。

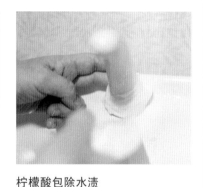

柠檬酸包除水渍

在有水垢的位置缠上卫生纸，再喷洒柠檬酸。用保鲜膜效果更佳。

将小苏打水喷洒到手套上，可轻松清洁

将小苏打水喷洒到手套上，用手擦拭除污。可清除门把手及对讲机上等细微处的污渍。

座便器和地面边界的异味

喷洒小苏打水，放置一定时间，再用包裹着布的刮片沿着接缝擦拭。

天然清洁的配方卡

使用习惯后如果准备配方卡片更加方便。图片中为山崎和妇人之友社共同开发的产品。

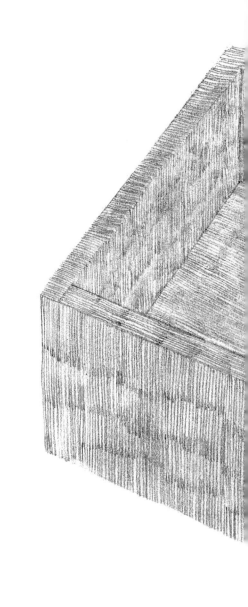

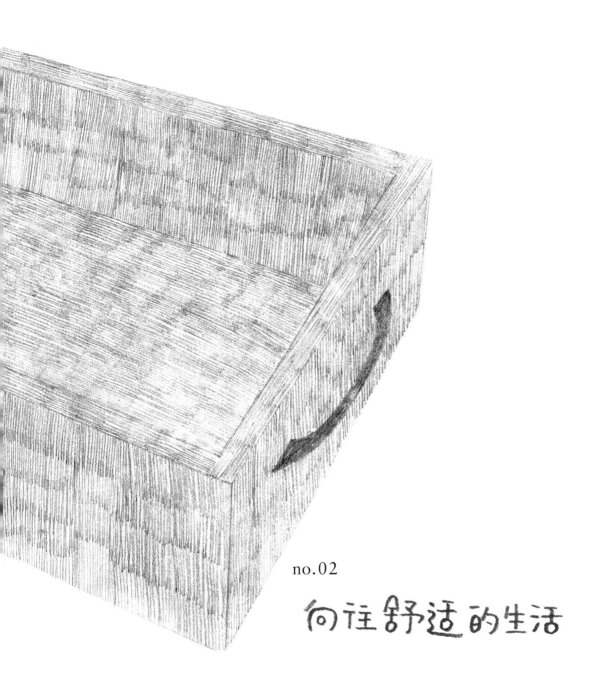

向往舒适的生活

我们观察了物品的保存与收纳。

二战后，日本家庭居住面积变大，生活用品数量也随之增多。

如今壁橱已经替代旧时的家具成为收纳主流，但多数人仍表示储藏空间不够用。

我们认为有必要暂时停止增添家里的物品，

考虑如何将现有的东西整理好、如何长久使用的问题。

因此我们考察了用户对物品的看法。

向往舒适的生活

"整理收纳"是实现舒适日常生活必不可少的条件，是生活的基本。
用完就恢复原状，不增加负担，不需要的东西及时规整起来，
一切技术的目的就是为了营造出舒适的空间。
最重要的是在这种空间内怎样生活？
舒适生活的基准因人而异。以自己的舒适感觉为基准，
大家一起思考应该怎样面对周围的事物。

民艺运动提倡者柳宗悦的自家住宅内的台阶式多屉柜。
1910年，住宅新建之际，友人滨田庄司［陶艺家］所赠。
放置于兼子夫人的音乐室内。

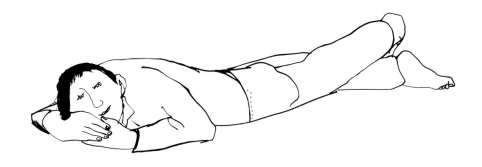

物品的存在方式

从多屉柜到壁柜

以前，多屉柜曾是家庭收纳的主要家具。甚至，大约在 20 年前左右，多屉柜还是出嫁的嫁妆。

多屉柜诞生于江户时代初期，也就是十七世纪中叶。当时的价格非常高，一般平民到江户时代中期才渐渐开始使用。那时，重要的物品通常都会分格收藏，日常使用的物品都放在触手可及的位置。曾经的多屉柜一定是非常方便的家具。

船屉柜、药屉柜、餐具屉柜、车屉柜、台阶屉柜、被褥屉柜、衣服屉柜、道具屉柜、单据屉柜等，根据用途及使用场所，这些屉柜被定义为相应的名称。之后也随着时代的流行风格，多屉柜得以继续被人们使用。

但是，最近的住宅内渐渐失去了多屉柜的踪影。特别是公寓，几乎没有放置多屉柜的位置。随着日本近代化及人口向城市集中，促进了小家庭的迅速增长。比起后期将成品家具摆放入房间内，同房屋结构一起设计的家具更能充分利用，而且看起来更加整洁。从而演变成存放衣物的壁柜及存放餐具的集成橱柜。

战后住宅的结构图

昭和 30 年，为了解决城市区域住宅匮乏的问题，城市整备集成住宅诞生了。那时所考虑的就是通过 nLDK 这种居室符号表示，此后也成为日本住宅的基础结构。右图为 1951 年建造的集成住宅的原型，用餐空间得到保障，日本最初的厨房用餐空间由此登场。

吃饭时将折叠饭桌展开，睡觉时将被褥铺开，同一空间多用途是在此之前的普通生活方式。专家通过对名宅生活的研究，掌握了人们对独立用餐空间的需求 [即使再小也行]。但是，小于 12 坪的微型设计很难再分割出独立的餐厅，只能同厨房一体化。随后，现在集成厨房的原型 [不锈钢流理台] 开始出现。昭和 30 年开始，每年大量的集成住宅陆续建成，作为当时时尚的现代住宅，成为人们生活的憧憬。

但是，如果一家四口人住在这样的住宅里，空间又显得太过拘束。随着高速成长期的到来，物质生活也逐渐丰富，壁柜内存放着满满的物品，为了收存这些多余的物品，多屉柜或书架就满足了人们的需求。

通过图示看集成住宅的变迁，60 年内，初期呈现倍增的趋势。并且，所有的住户为了实现更加整洁的居家环境，将所需的收纳空间预先设计到房屋的结构中。

但是，即便这样，物品的数量也远远超过预想的家庭收纳面积。

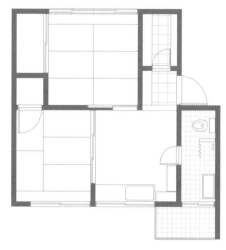

1951 年完成的 C51 型。随着 1955 年的集成住宅正式发迹，这种结构向全国范围铺开。整洁的厨房和独立用餐区，这已经是住宅现代化及家庭民主化的象征。
[地面面积 39 平方米，约 11.8 坪]

新楼房公寓的每人地面面积的演变

平成 20 年至 25 年间的首都公寓建筑面积的演变。昭和 50 年开始公寓供求逐渐合理，半数以上的居民人均最低居住面积 [家庭人口数 ×10 平方米 + 10 平方米] 得到保障。平成 20 年家庭平均面积达到 70.83 平方米，是最初 C51 型 [39.1 平方米] 的 1.8 倍。此外，家庭平均人口也达到 2.61 人，每人的居住面积增长 1 倍以上。

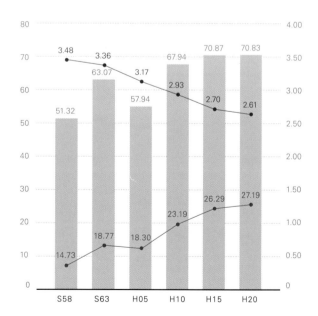

拥有住宅的家庭人口 [人]
新楼房公寓人均住宅专有面积 [平方米 /人]
新楼房公寓户均住宅专有面积 [平方米 /户]

资料："东京土地 2008" 东京都城市整备局，住宅·土地续计调查 /总务省

到了 1970 年，基于收纳空间及动线规划的住宅建造研究盛行。当时，收纳空间被充分规划的住宅建筑是新颖及丰富的体现。

之后的 40 年，对墙壁及收纳空间被细密分割的住宅感到不便的声音逐渐增多。建筑也应该根据家庭的成长及时代的变迁改变布局，应该带有一定的自由度。

直到高速成长的末期，逐渐从消费时代转变成经久耐用的成熟时代。家具不再嵌入建筑，后期产生了可变性较高的住宅建筑方式，即添加家具的空间布局方式。

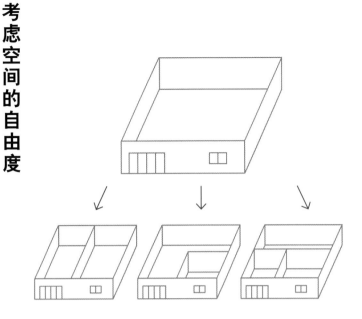

试着追溯建筑的现代化历程，它呈现出物品高效收纳及隐蔽性收纳的趋势。结果是整洁收纳的美观建筑空间得以保障。确实如此，所有物品都整齐收纳是一种美。但是，由于日常生活中充溢着各种物品，长期保持这种状态就非常劳心劳力。

基于此种考虑，生活中或许需要隐蔽的壁柜，将平常不常用的物品整齐收纳于一处，而将自己时常用到的物品用心存放在近旁。并不是隐藏所有物品，日常使用较多的物品放置于方便可取的地方的思路或许更好。

成熟时代的住宅建筑及物品怎样亲密融合？重新思考这个问题的时代或许已经到来。重要的物品、漂亮的物品、回忆的物品环绕在身旁的时刻让人感到富足。为了营造出这种富足感，先确定物品的优先顺序，再实现舒适生活。

从收纳用品看無印良品的 30 年

無印良品自创建以来，就以收纳为重要课题之一，不断摸索其存在方式。
不同时代都存在着各种各样的课题，笼统整理后，形成以下年表所示的3种趋势。
2004年，作为包容各样生活器具的"無印良品之家"开始发售，开始从生活本源思考收纳。

| 1980 | 1981 | 1982 | 1983 | 1984 | 1985 | 1986 | 1987 | 1988 | 1989 | 1990 | 1991 | 1992 | 1993 | 1994 | 199 |

素材趋势

茶叶店的茶箱、工厂的货架、商业用周转箱等，这些我们身边许多的专业配置的共同点就是采用满足要求的坚固材料，且实用性很强。随着将这些专业人员使用的材料用于日常生活所需，我们逐渐开始采用工业材料制作物品。此外，不使用100%再生纸的瓦楞纸及颜料，而采用无色的亚克力或树脂材料也成为無印良品的收纳工具的基础。

模块趋势

以尺贯法为基准的日本家宅中，柱子和柱子的间隔为182cm。如此一来，即使将其放入标准的半间［91cm］宽的房间内也是难以实现的。为此，将基准尺寸［模块化］设定为宽84cm。同时，从大型家具到小型收纳箱之所以能够符合该尺寸，也是因为细微之处的精心设计的结果，钢制的书架也能和谐融入生活空间，PP收纳箱也能合理放置。

纸管箱
1982

用于存放小麦粉洗剂的优质耐用纸管箱。

PP 携带箱
1984

采用工具箱造型，及无色透明的设计。

PP 衣物箱
1987

可看清内侧，采用无色透明的设计。

锡罐
1988

食品用锡罐改造成家用的简单设计。

锡材质箱
1990

保持自然风格，采用无喷涂、无漂白的处理。

镀锌拉丝货架
1991

采用坚固耐用且不易生锈的镀锌材料。

藤编组合
1994

无涂料处理。自然风格设计

瓦楞纸收纳
1982

完全采用无处理的瓦楞纸材料。

白铁皮衣物箱
1988

工业用茶箱材质，清爽喷涂。

MDF
1992

木材的边角料粉碎，热压成纤维状成形的再生材料。

手工桨板箱
1994

采用强度优越的桨板，手工拼贴而成的简易箱子。

桨板箱
1988

轻质耐用的商业用周转箱材料。

亚克力 CD 盒
1988

硬质的高透明度亚克力材料。不易受损的美观材料。

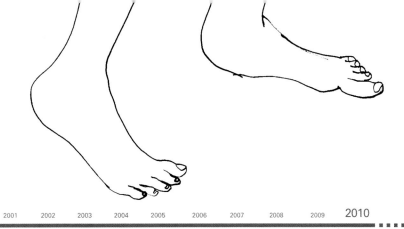

组合趋势

达到高度成长的顶点，日本的衣食住行全方位进入成熟期。随着少子化及小家庭化，在比大家庭更加紧凑的房屋内，人们需要努力实现对应家庭成长及变化的住宅建筑形态及充分利用空间的收纳方式，生活的意识也大为改变。在这样的背景下，产生了对应于壁柜中的空间自由组合的"货架"和无损伤固定于墙壁的"墙壁固定家具"。此外，抽屉也被隔板分割成放置盒子或小物品的存放空间，还有类似手袋分区的产品种类也同时诞生。

篷布荷包
1996

使用具有防水性的篷布[建筑用防尘材料]。

木制组合箱
1998

搭配树脂材料的抽屉，尺寸统一。

PP 密封箱
2003

用于医疗现场的密封箱，改造成开闭方便的箱子。

**無印良品之家
"木之家"**
2004

囊括無印良品商品的大容器。完全符合無印良品的收纳家具尺寸。

包中包
2007

可分区整理包中的内容物，一款放于包中的包。

硅胶组合
2008

用于饭盒分区及分隔容器的硅胶制品。可用于冰箱或微波炉。

固定于墙面的家具
2009

如果是石膏板墙面，可以毫无损伤地轻松固定。

树脂组合架
1997

尺寸及材料统一，可选择零件组合搭配。

贴布箱
1998

利用材料的特性，可折叠的布艺收纳箱。

PP 密封箱
2003

尺寸及材料统一，可选择零件组合搭配。

方形纸管置物架
2003

搭配零件，可制作成柜子。组件零售，购买所需部分即可。

亚克力隔断箱
2007

可层叠使用的亚克力箱。可存放化妆品及洗漱用品等的便捷尺寸设计。

旅行用带手挽隔断箱
2008

将不同的衣物分类存放。是整理存放衣物或搬运衣物的好帮手。

堆叠架
2009

组件搭配而成，横竖延伸自由，实用性较高的货架。

方形存放盒
2008

可用于微波炉加热的耐热玻璃制的存放容器。系列产品，可层叠收纳。

PP 书桌内存放架
2009

用于整理桌内收纳空间的隔断。4 种规格组合搭配，使用适用于大多数书桌。

收纳的调查报告

确定物品的位置，将用完的物品恢复原位，掌握自己能把握的量。
完美收纳的重点是"定位置"及"定量"。
即使有清楚明确的意识，但现实却很难实现。
擅长整理的人在日常生活中又是怎样实践的呢？

"收纳相关的调查" 2010 年 8 月实施 3727 名参加

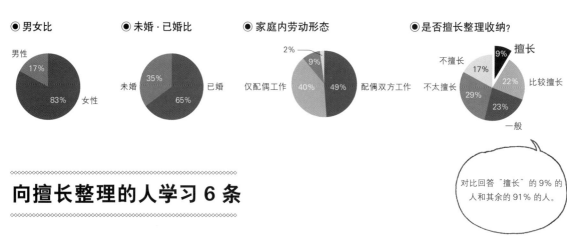

◉ 男女比

男性 17%
女性 83%

◉ 未婚·已婚比

未婚 35%
已婚 65%

◉ 家庭内劳动形态

2%
9%
仅配偶工作 40%
49% 配偶双方工作

◉ 是否擅长整理收纳？

9% 擅长
不擅长
17%
不太擅长 29%
23%
22% 比较擅长
一般

对比回答"擅长"的 9% 的人和其余的 91% 的人。

向擅长整理的人学习 6 条

① 正确确认物品的收纳位置

物品使用后，是否确认了物品恢复的位置？

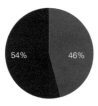

54% 46%

擅长整理的人

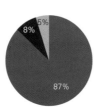

5%
8%
87%

其他人

■ 基本确定
■ 全部正确确定
▨ 未确定

||||||||||||
启示
||||||||||||

大多数人选择"基本"。
但是"正确"确认位置才是关键。

② 考虑收纳位置后再购买

是否有计划地用东西？

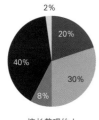

2%
20%
40%
8% 30%

擅长整理的人

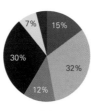

7% 15%
30%
32%
12%

其他人

■ 制作必需品清单
▨ 仔细考虑后购买
▨ 同家人商量后购买
■ 考虑收纳位置后购买
▨ 没有考虑
■ 其他

|顾客的声音|

· 感觉冲动购物时，一定要问自己真的需要吗？
  不会后悔吗？
· 购买前仔细考虑一周，是否真的需要？
  使用频率如何？
· 钱包里不要多放现金。
· 感觉冲动购物时，一定要确认三次"如果现在
  不购买，一年后会后悔吗？"
· 大致确定购物的店铺。

③ 制作小分区的空间

认真考虑物品的归类空间，是否瞬间即可找到?

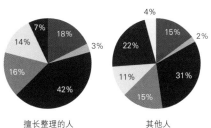

擅长整理的人 / 其他人

- ■ 放入箱子内，贴上标签
- ▨ 在箱子表面贴上内容物的图片
- ■ 制作整理收纳和小分区的空间
- ■ 确认不知是否丢弃的物品的暂定存放位置
- ▧ 放入透明箱子内
- ■ 没考虑
- ▫ 其他

|顾客的声音|

· 打开抽屉时看得更清楚，纵向收纳。
· 贴上标签，让任何人都清楚。
· 收纳箱不考虑太多用途。
· 即使浪费也要将不要的物品尽快处理掉，
  保持较少的物品绝对量。
· 毛巾按尺寸沿相同方向折叠，数量能一眼看清。

④ 消费品仅购买可存放量

食品饮料及日用品的购买及放置位置?

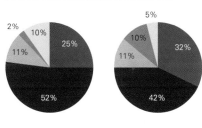

擅长整理的人 / 其他人

- ■ 价格便宜就会大量购买
- ■ 确定消费品的存放位置，仅购买可存放的量
- ▨ 日常用品放入统一位置
- ■ 买回来才会对存放位置犯愁
- ▫ 其他

|顾客的声音|

· 用到所剩无几时再考虑购买。
· 日用品的购买存放位置仅一处。
· 不存放，不够了就及时购买。
· 仅购买最低限度的量。
· 确定存放位置，确保在定量以内。
· 仅将卫生纸考虑为消费品
· 确定存放位置，没有其他消费品。

⑤ 使用同一厂家的收纳容器

食品用保存容器的放置位置及其形状?

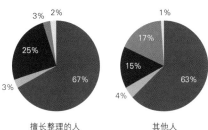

擅长整理的人 / 其他人

- ■ 统一存放于厨房
- ▨ 存放于厨房以外的位置
- ■ 使用同一厂家的可叠放的产品
- ▧ 位置不固定，取用麻烦
- ▫ 其他

|顾客的声音|

· 不要使用太多保存容器，可用餐具保存。
· 简单也要占用一定空间，应限定数量，
  基本采用盘子加盖子进行存放。
· 同一模块，选择即使堆放也不占多余空间的产品。
· 选择保存时带夹头的袋子。
· 将空容器放入冰箱。
· 空的占用多余空间。

⑥ 纪念品也要狠心处理

是否不及时丢弃纪念品，放任其数量增多?

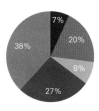 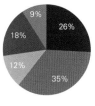

擅长整理的人 / 其他人

- ■ 是
- ■ 基本是
- ▨ 模棱两可
- ■ 基本不是
- ▫ 不是

‖‖‖‖‖‖‖‖‖
启示
‖‖‖‖‖‖‖‖‖

留下还是扔掉，确实难以决择。
将回忆留在心里，彻底舍弃也是必要的。
无论如何必须保留的物品可存放于常见的位置。

生活观察

拜访了"無印良品之家"建造者的住宅。
包含着生活器具的家里，从各种组合货架到小箱子，都整齐归类摆放。
"可见收纳"正是巧妙运用無印良品商品的特长。

各种细致分类的烹饪工具，有条不紊的收纳。使用时迅速可取，而且能够保持干燥。

利用容易成为死角的台阶下侧。不直接接触地面，放置于椅子上，方便取用。

榻榻米式的卧室。榻榻米下面带有大抽屉，可以存放非应季的寝具。

嵌入式铝合金组合架，可以满足大存储需求。

巧妙利用文件箱。既看不见内容物，也能保持统一的材料色调，显得整洁。

厨房和吧台之间设置低墙，将容易散乱的位置隐藏。

缩小夹板之间的距离，将物品细密分割摆放。门页采用半透明的材质。

衣架也采用相同材质，保持统一感。肩部的线条一致，显得整齐。

铝合金组合的架子，组合搭配能够看清内容物的篮架，上面是厨房的摆放台。

设计在高位的木制架子，门页吊起。需要隐藏时可移动门页。

将收藏品般的餐具归类收纳的例子。常用的放置于外侧。

收纳于厨房的里侧。电饭锅放置于推车上，使用时移动即可。

整理收纳，无处不在。

对收纳方式的思考就是对物品存在方式及整理的思考。
在有孩子的生活中、工作场所中、私密的时空中，
别人又是怎样处理整理收纳的呢？
通过访问，渐渐地许多人的智慧及用心之处就以哲学般的形态展现在眼前。

虽然其摆放看似稍稍歪斜，但这些寝具都是孩子们自己放入柜子内的。木制托盘底部有滑轮，方便取用存放，也不会磕碰到孩子的头部。

杯子自不必说，就连围裙、枕套及围脖都标记了自己的印章。对应固定位置的挂钩或箱子等也有相同的印章，很方便就能找到自己专属的收纳位置。

各种细节的用心，培育出擅长整理物品的孩子。

"有孩子就是没办法收拾整齐"——这是在有孩子的家庭里经常听到的话。即使大人也有很多不擅长整理收纳的。这种能力是否能通过孩童时代的教育培养而形成呢？为了寻求解决这个问题的根源，我们特意走访了东京友之会的"世田谷幼儿生活团"。幼儿生活团是"妇人之友"、"自由学园"及"友之会"的创立者羽人元子开设的幼儿教育场所。"教育孩子就是教育他们能够好好生活"的理念，在小学入学前的 3 年时间内，每周聚集一次，在集体生活中养成良好的生活习惯。

大厅布局整齐，没有孩子活动场所常见的杂乱情景。仔细观察，房间内的各处都贴着花朵或动物的标签。这些都是"印章"，每个人的代表图案不同，也表示对应孩子的标记。不仅仅是各种用品，还有存放的位置也都使用

了这种标记，是让孩子们养成良好生活习惯的小道具。那一天是 5 岁组的集合日。9 点 10 分，最早到的孩子进来了。脱下鞋子走向自己的衣柜，从包里拿出围裙及联络本等，并分别放置于标记了自己印章的位置。这样做就能实现充分的个人空间。老师则站在一旁默默地注视着孩子，完全不会破坏孩子的积极性。

即使是培养良好的生活习惯，也不会采用强迫的方法。开始任何事之前都会确认："房间是否收拾干净了？"或"准备好了吗？"使孩子能够充分发挥自我能动性。在场的老师也说："为了让孩子们真正养成好习惯，关键在于促使他们自己动手。"为了提起孩子们的兴趣，用印章等细节之处的用心，让孩子们养成耐心的好习惯。为了培养孩子们的整理能力，还会考验周围大人的态度。

化妆箱和带滑轮的旅行箱是工作用具的一种。工作开始前将必备的物品摆放于镜子前，使用完成的物品收回原处。箱子内的分隔都采用无印良品的盒子。

违背常理的"入箱收纳"—— 明确定位。

这就是一个普通的化妆箱，抽屉是铝合金材质的无框架箱。单侧开关的3层滑动式，感觉就像工具箱。并且，箱子中还有许多小盒子，同色彩各异的化妆品的华丽摆放相反，箱子显得更加整齐统一。

当被问道："外箱不扔掉吗？"草场小姐说："总是有人这样问我。"认为收拾的时候放入箱子里是理所当然的，并一直这样做，所以我反而会感到惊讶："啊！别人不是这么做的吗？"

确实如此，化妆用品总是零零碎碎很多，为了能够放入四方的箱子里拿来拿去，箱中箱应该能够实现整齐的存放。虽说如此，碍事的物品尽量减少，仅放入必需品则是收纳的常识性思维。当然也会有些纯真的疑问："难道里面空荡荡的存放的东西不是更多？"答曰："放入

箱中箱，里面存放的物品的量很容易把握。如果需要增加物品，就能够衡量能否放下。"实际上，自家的零碎物品也基本都是收纳于箱子内。"箱子可明确定位，使用后也方便复原"，草场小姐的化妆箱内部即使同类物品也是依照颜色深浅等顺序排列的。

草场小姐的收纳基础是存放自己可把握的量，并明确定位。为了不增加物品，始终带着"替换"意识。想着新买的东西能够替换箱子里原有的哪些物品？此外，还要根据季节等更新，尽可能避免物品的增加。

有了草场小姐这种细致的思考方式，购买物品的时候就能"充分再充分地考量"。12月孩子即将出生，"朋友们的二手货也很多"，所以还不急着购买包包等用品。草场小姐的收纳术中，正是有这种"利用现有物品"的精神。

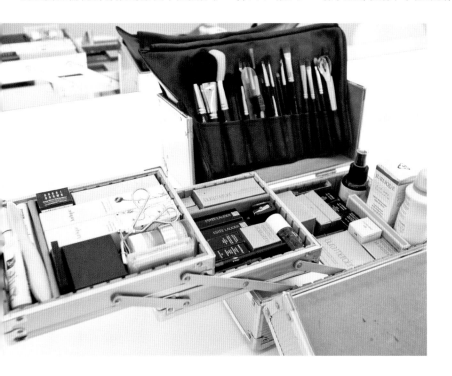

草场妙子 化妆师
图片中的单肩包内侧也细致分隔开。

僧侣的食器组合［应量器］是大小 5 个的套叠结构。除了碗，还有挎包、用作器具遮盖的钵单、筷子、勺子、饭后清洗器具的木拌勺［刷子］以及擦拭器具的布。

弄清自己所需的物品，整理收纳也乐趣无穷。

收纳中的烦恼原本就是非必需品太多。带着这样的思维，特意走访了曹洞宗大本山的总持寺。去借鉴简洁至极的修行僧侣的生活。

被称作僧堂的道场是云水［修行僧］们坐禅修行的场所，同时也是起居及吃饭的生活场所。大堂的中央安放着文殊菩萨像，周围是被称作"单"的铺设榻榻米的空间。其中，给予每个人的就是 1 叠榻榻米的空间，进行坐禅、吃饭及起居等所有活动，榻榻米边缘的板也用作吃饭的台面。"起身半张榻榻米，睡下整张榻榻米"，云水的生活竟是如此简单。

曾经，云水们会四处拜访高僧，寻访各处的僧堂，不断地修行。甚至一边托钵一边刻苦修行，所以必须保持轻装。这些云水们的物品极其简单。被称作"袈裟行李"的涂漆木箱；被称作"应量器"的食器组合［照片的包裹中］；放入日常用品的柳行李；坐禅时作为铺垫的"坐蒲"，前后分开方便行走。袈裟行李中，除了袈裟及行李，还有修行的简历、师徒传承关系图及称作"涅槃金"的葬礼费用，僧侣一生所需的物品全部在内。简单得不能再简单的生活就是如此。

收纳的极限是什么？面对这样的提问，长老答曰："不需要的东西不拿。"确实如此，如果只需要这些物品，今后就没有为收纳感到烦恼的必要了。不需要的东西不拿，也就是弄清自己所需的物品。"如果真是必不可少的物品，无论如何也要购买优良的。这也是长久使用的秘诀。""削减掉多余的物品，看清事物的本质。"长老的话语深入人心。

"单"的里侧是嵌入结构的收纳架。上下两层的抽屉在同一空间内，上层是日用品，下层是蒲团。修行中的云水们的所有物品都在其中。

花和浩明 长老

不同别人比较物品的好坏或有无，才能体味更多乐趣。

阿部勤 建筑家
已经花了十年在屋久岛建造隐居住所，或许还要二十年。

二层书斋的窗台上，摆放着各种主人喜好的小玩意。紧贴窗边设计的窗台，四周被在窗口处即可看见的庭院树木包围，鸟巢也在其中。触手可及的位置就是书架。

右侧的图片是阿部先生命名为"半岛"的厨房。所需的烹饪厨具及玻璃杯等随手可取，都放置于近身的位置。

应该放置的位置、应该存在的状态，全部顺其自然地决定。

书斋的窗台上四处摆放着收集来的矿石及古董，起居室的桌子上是自己研磨的长久岛之石［上图中央］。建筑家阿部勤的家里四处可见他的兴趣爱好，营造出轻松的氛围。随意摆放的物品没有杂乱之感。阿部先生常说："家是调节心灵的场所"，在他的住宅里被这些物品包围着，同时也探寻到舒适生活的秘诀。

1974 年完工的阿部先生的住宅是只有经历 25 年以上依然保持精品气质的建筑才有幸获得的"日本建筑家协会25 年奖"的住宅。这是只有经受住时间考验的事物才能体现的温馨舒适感和不随时代变迁而被淘汰的普遍性并存的建筑。其中，还有占据了各自的位置，让人心情愉悦的各种物品。问他"怎样才能确定物品摆放的位置？"答曰："如果考虑太多，我的空间会太过辛苦。物品也

会挑选自己该放的位置，自然决定就好。应该放置的位置、应该存在的状态，全部顺其自然地决定。"并且补充道："其实严格选择需要的物品是最好的办法。"阿部先生的住宅中，将必需且碍眼的物品全部遮挡于视线之外。如厨房里 4 叠榻榻米大小的配餐空间。可以从外部直接进出这里，外购的方便食品及带着泥土的蔬菜等在进入厨房前就在这里止步，还有洗衣机等各种杂乱的生活用品也摆放于此。此外，半岛型厨房的宽度及收纳架的宽度也是同样的尺寸，明确的可放置位置似乎都进行了精密的计算。阿部先生还说："我会将喜爱的物品放在触手可及的地方。但是，也有很多人将喜欢的物品收藏于隐蔽的空间。家是调节心灵的场所，调节的标准却因人而异。只要符合每人的标准就好。"确实如此，舒适的收纳空间因人而异，或许没有适合所有人的统一标准。

no.03

与绿色同行

我们考察了用户对绿色即自然的看法。
自古以来日本人就把自然当作贴近生活的对象，
同时也把自然当成连接神明的神秘媒介。
我们探讨的不只是自然本身，而是支撑着它的日本人的自然观。
四季风景秀丽的日本，季节的变换以及随季节到来举行的传统仪式、
跟随月亮盈缺产生的生命跃动等也在我们的探讨范围。

与绿色同行

芽、叶、花、果实，植物生长过程中的名称就像人成长的过程。
古代的日本人或许在植物的姿态中看到了自己的影子吧！
触摸自然会使人心平气和，或许还能唤醒刻入人们基因里的遥远记忆。
正因为在这个周围绿色不断减少、接触绿色的机会越来越少的时代中，
为了获得使心灵富足的生活，我们需要"与绿色同行"的重生感觉。

在古老的欧洲，人们常说城堡外的森林是禁地，那里住着女巫，如果迷路就会被杀害。人类的力量无法左右，令人感到恐惧。这种自然观在他们建造的庭院景观中也有所反映。几何学的表现形式中，展现出人类控制自然的强烈欲望。

而另一方面，对于日本人来说，绿色是我们身边容易亲近的事物，同时也是神圣的存在。这一点从同自然一体的庭院建造风格中也能体现得淋漓尽致。在远古时代，"政"是联系神明的仪式。并且，为此精美设计的"场"就是庭院。庭院的绿色是为了吸引神明停留观望，精美的装饰也是对神明的供奉。由于相信从天空降临地面的神明会长久停留于绿色及缘石处，所有包含绿色及缘石的庭院对日本人来说非常重要。

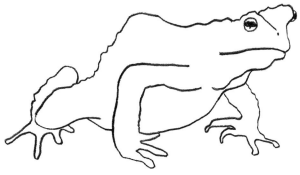

植物和月亮的关系

设计绿色庭院的设计家塚田有一先生四年前被月亮的魅力所牵引，并向月亮供奉插花。
植物和月亮之间本就有着深厚的关系，
正是意识到这一点，他的庭院建造的工作也变化成具有"月亮特质"的感觉。
下面就来了解下他对月亮的魅力以及植物和月亮的关系的见解。

月亮的阴晴圆缺和植物

不只潮汐，月亮对地球上其他所有事物都有着深刻的影响，植物当然也不例外。例如人们常说砍伐树木要在新月时，因为新月时树木的生命沉浸在寂静之中，水分较少，之后不会无节制地生长且不容易感染病虫害，最适合制作成各种工具及建筑的构造材料。而采花则更适合在满月时，花朵充满能量，而且香气更浓郁，植物体内也充分吸收了水分，生存时间较长。对生命节律有着深刻影响的月亮时常被比作女性，也被比作生命之源。塚田先生面对这样的月亮供奉花朵恰好是 2007 年。通过这样的装置，感受到同各种事物的联系。对于塚田来说，有心插花让他重新反思对花及植物的思考、人类的自然观等。为什么要插花? 为什么要建造庭院? 为了探求答案，才有了空间布置艺术的诞生。

新月　　　　　三日月

为什么感觉月亮有魅力?

太阳代表阳性，月亮代表阴性。月亮是眼睛看不见的世界的象征，是世间组成的重要极点。对此，在眼睛看不见的时间诞生生命，并长大成熟。月亮的阴晴圆缺代表着生命的反复，也象征着万物生长变化的力量。

塚田有一 庭院设计师
因其独特的自然观支撑的庭院建造理论而知名，称之为"现代茶人"。温和、谦逊且具有张力的作品给他带来众多拥护者。立志成为能够感知自然组成的"庭师"。

上弦月　　　　张弦月　　　　满月　　　　张弦月　　　　下弦月　　　　残月　　　　新月

感知月亮，庆祝节供

为了感知这种月亮的能量，塚田先生非常重视"节供"。在四季如画的日本，人们通过向神明供奉的形式庆祝季节交替之际，也是自古以来的习俗。节供同植物也有着密切的联系。比如五节供，作为"人日〔1月7日〕节供"的春之七草、作为"上巳〔3月3日〕节供"的桃、作为"端午〔5月5日〕节供"的菖蒲、作为"七夕〔7月7日〕节供"的竹、作为"重阳〔9月9日〕节供"的菊……其他还有中秋的芒草、立春的柊、冬至的柚子、正月的松等。按照现代的公历，旬和节供也有不合拍的时候。但是，原本的节供就是根据"农历"而来，并且，农历的根源就是

月亮的阴晴圆缺。农历一个月就是新月到下一个新月，"一日"就是"月立"，也就是开始数月龄的日子。就像8月15日代表"中秋的明月"，农历中的日期和月亮的形态一致。盂兰盆的中心农历7月15日确定为十五夜，盆舞就是在明亮的满月下跳舞。至此，我们也就明白了以前人们的生活都是对应着月亮的阴晴圆缺。塚田先生说："通过节供，使我们更强烈地意识到自然的力量。"面向月亮，同自然保持更深关系的姿态恰好符合"现代茶人"的标准。

清风从菜园吹来

在城市居住，同时接触土壤及绿色，品尝着自己种植的蔬菜。
正在享受这种生活的人逐渐增多。
以田地为教室，学员接受专业的指导，同时自己亲手种植蔬菜的农业体验园也越来越多。
为此，我们走访了以此为业的白石先生的"风之学园"。

125 个分区，125 个家庭都可以享受自己种植的蔬菜。考虑一个家庭对蔬菜的消耗量，每个区设定为 30 平方米。

接触田地就是面对生命及生活

您是否知道"农业体验园"？不仅仅是租借田地，还有专业的农业指导人员教授种植的经验，最后再品尝自己亲手种植的蔬菜。在这里，种子、幼苗、肥料、农具等都准备齐全，从各个方面保障初学者也能尽量少经受失败、轻松完成种植并有所收获。白石先生主办的"风之学园"的第 2 期在 1997 年春季开园。并将以练马开始的新主题农园推广到千叶、埼玉、茨城、福冈，目前全国已经有 80 家。田地出入自由，大多数人每周过来 2 次。虽然也有的人每周仅能来 1 次，但是我们有这样的方针："能从自己可自由支配的时间中抽取一些，体验

各种快乐就很好。"一年中农园安排有 16 次讲习，每个讲习有 3 次讲解，学员可根据自己的时间来安排合适的日期听讲。现在所培育的蔬菜约有 25 种。在考虑学员的要求及避免产生连种问题的前提下，由白石先生决定种植的种类。现在人气最高的要数西红柿、黄瓜、玉米、毛豆及马铃薯了。采摘食用后，大多数人都会被茼蒿、萝卜类间苗蔬菜的美味所倾倒。

所有参加农业体验园的人的理由几乎都是"为了吃到安全、美味的蔬菜"，起初大家都是急切盼望着收获的。

1_ 正面入口处的展示板，有风见鸡的标记。2_ 等待收获的菠菜。3_ 赶过来在田间劳动的一对夫妇，感叹着"种菜就如养孩子啊"。4_ 农业园中的鸡。5_ 手中拿着收获的蔬菜的男子。吃不完，或许送点给朋友吧。6_ 菜园旁的餐馆。每天，新鲜的蔬菜都会从白石农业园送到这里来。这里掌勺的也是"风之学园"的学员。

可是，渐渐的大家的意识发生了转变，意识到"在这里度过的时光非常快乐"。

同时，大家不再关注"吃什么"，而是考虑"种点什么来吃"，对"食"的意识似乎也发生了某些变化。日本食文化讲究吃当季的美味食物。只吃眼前物的生活方式似乎太勤俭了些，但是换个角度看，却恰好又是一种成熟和稳重的表现。白石先生说过："虽显质朴，但是重视家人、食物及地域的生活本身就是丰富多彩的，实际上，这类东西在农村和农业中就蕴含很多。注意到这一点，在面对'国将何为？'这个课题时，就会明白，在这其中，农业理所当然起着相当重要的作用。"

来到菜园，人与人亲近起来

讲习会上见过几次面，交谈起来不觉间竟有一种亲密感。白石先生可是上了年纪的老手了，为经验稚嫩的年轻夫妇们提供各种指导。来到农业园，人和人的交流变得极其自然。

白石先生策划的各种活动，在农业园深受喜爱。以玉米地为背景，萨克斯音色乘风而起的爵士音乐会；连续举办了11年的大棚演奏会等等。参加者中有的是乐迷，专程为音乐会而来，才有了与菜园的初次接触。但是，回去时却乐呵呵地念叨着："感觉真是太好了，太感谢了。"农业就是如此海纳百川、兼容并包，将众多人联系起来。所以我们也就能够理解，为什么有的思虑郁结的人，会将这里当做疗养院，经常过来，状态也逐渐好转。

文化 [culture] 一词就来源于农业 [agri culture= 对土地进行耕作]。与土地耕作的结缘、紧密人与人之间的关系、让感动常在的"风之学园"不正是在做着这样的事吗？

白石好孝 风之学园主办者，农园主
一直在生活中思考何为农业，为密切和消费者的关系，做了很多尝试的实业派农学家代表。在农业的饮食教育方面倾注了不少心力。

大泉 风之学园
1997年开创了农业体验园模式。除了教授蔬菜种植的知识，还举办了"大棚节"等各种丰富多彩的活动。他还曾做过援美农业志愿者。

绿色调查报告

绿色滋润我们的生活，为我们的生活添彩。
对于绿色，大家都有着什么样的想法呢？
这次的调查问卷，就是旨在询问大家的感受。
下面通过一些介绍，让我们一起来思考绿色人居吧。

"绿色和居住的调查"于 2010 年 12 月实施，共有 465 名人员接受了调查。

◉ **居住**

自建住宅 **52%**　　大厦公寓 **45%**　　其他 **3%**

◉ **家族代系关系**

和孩子一起住 **47%**　　一个人住 **13%**　　其他 **40%**

种植了哪种绿植？或者，希望种植哪种绿色植物？

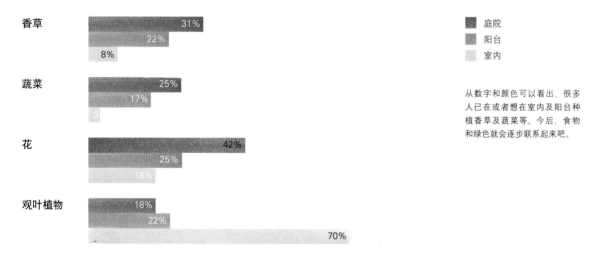

香草
- 庭院 31%
- 阳台 22%
- 室内 8%

蔬菜
- 庭院 25%
- 阳台 17%
- 室内 3

花
- 庭院 42%
- 阳台 25%
- 室内 18%

观叶植物
- 庭院 18%
- 阳台 22%
- 室内 70%

图例：■ 庭院　■ 阳台　■ 室内

从数字和颜色可以看出，很多人已在或者想在室内及阳台种植香草及蔬菜等。今后，食物和绿色就会逐步联系起来吧。

为什么要种植绿色植物？

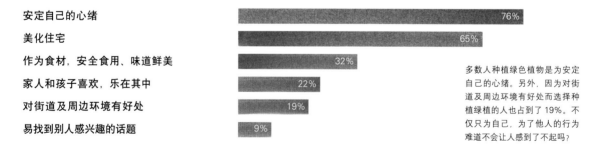

- 安定自己的心绪 76%
- 美化住宅 65%
- 作为食材，安全食用、味道鲜美 32%
- 家人和孩子喜欢，乐在其中 22%
- 对街道及周边环境有好处 19%
- 易找到别人感兴趣的话题 9%

多数人种植绿色植物是为安定自己的心绪。另外，因为对街道及周边环境有好处而选择种植绿植的人也占到了 19%。不仅只为自己，为了他人的行为难道不会让人感到了不起吗？

种植绿色植物，用来遮阳的人的居住形式？

有种植／想种植　17%　5%　78%

大厦　自建住宅　28%　71%

回答"有种"和"想种"的人之中，有 28% 是住在高层大厦的。如何实现安装等问题就摆在了面前，需要一起努力考虑解决方法。

日常是如何接触绿植的？

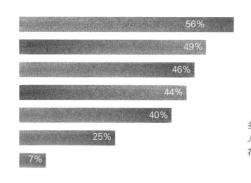

在公园散步时自然眺望　　　　56%

相比花束，更喜欢种些观叶植物　　49%

购买花束家用　　　46%

购买花束当礼物　　44%

爬山观赏绿植　　40%

插花、花艺　　25%

以上都不是　　7%

多数人都是选择外出亲近绿色。另外，让人无法忽视的是喜欢种植观叶植物、插花、花艺等能动的和绿色亲近的人也很多。

如果四周被绿色环绕，在眺望景色时，您最喜欢做哪些事情？

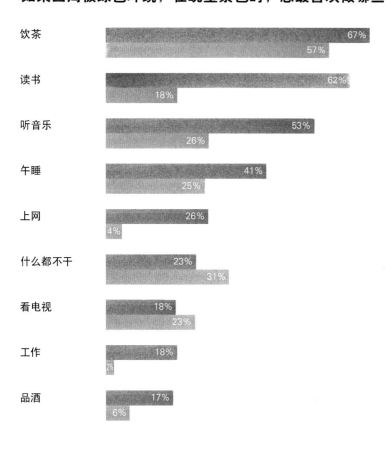

饮茶　　67%　57%

读书　　62%　18%

听音乐　　53%　26%

午睡　　41%　25%

上网　　26%　4%

什么都不干　　23%　31%

看电视　　18%　23%

工作　　18%　2%

品酒　　17%　6%

■ 单身
■ 有孩子的家庭

单身
大家都喜欢"饮茶"、"读书"等悠闲的生活方式。另外，选择"午睡"和"什么都不干"的人也很多，在一片绿色中，无所事事地悠闲过着，多么惬意啊，这正是我们向往的生活吧。

有孩子的家庭
有趣的是选择"午睡"的竟然排到了第四位。全家聚齐，在绿色中小憩也许是很难得的风景。再来个吊椅，惬意无比啊。

在一片绿色中安静、闲适地生活应该是多数人的愿望。
不需要特别去做什么事，只是享受"身在绿中"的快乐。
连平日不曾入耳的习习风声、植物的细微变化你都能注意到。
日常生活中，我们很难享受到什么都不干，让时间在不经意间流逝的快乐，
可是，"绿"却能为我们带来如此惬意的享受。

绿植和房屋

地球持续变暖，
靠空调就能凉爽过夏的时代也许很快就要终结了。
考虑生活中如何节省能源这个问题时，
发觉"绿帘"也许能成为我们强有力的伙伴。

什么是绿帘？

指的就是让苦瓜、丝瓜、牵牛花等藤蔓植物沿着窗户、墙壁等攀爬，形成天然的避暑屏障。炎炎夏日，绿植不仅能为我们遮挡强烈的阳光，同时，其叶片还具有通过水分的蒸发，维持温度的特性，对降低周围的温度有一定的效果。除了这些现实的优点外，植物同时还能让人满目清凉，并且充满艺术之美。果实类植物，还附带品尝美味果实的乐趣。如果种植的是芳香植物，我们甚至还可以小小地期待能够获得一定的治疗效果呢。

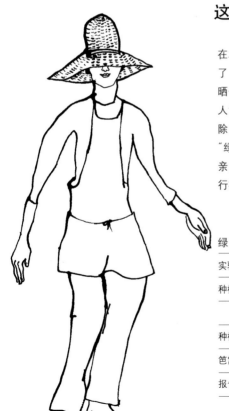

这次生活良品研究所也要来挑战

在本次的问卷调查中，已经种植了"绿帘"或者希望种植"绿帘"的人总计占到了22%。希望活用绿植来凉爽度夏的人有所增多。另外，据很多人反映，在日晒仍然比较强烈的9月，虽然仍希望绿色满满，但是，一直被看好的苦瓜却让人意外地早早枯死了。在依恋阳光的季节，我们希望能除去这些藤蔓植物，铲除工作可以简单地完成吗？如何对藤蔓植物进行修护及处理？哪些植物适合做"绿帘"？针对这些问题，生活良品研究所的研究员决定在绿植达人的帮助下，亲自挑战，看看结果。在此过程中，我们会积极听取大家的意见并在主页上进行实时报告。

绿帘实验计划

实验时间	2011年5月—10月
种植植物	苦瓜、黄瓜、小酸橙、山芋、牵牛花、琉球牵牛
	[秧苗全部买自市场]
种植环境	千叶县船桥市 自建住宅 地面及阳台
苞篱	塑料网
报告	生活良品研究所 每月一次主页汇报 共6次左右
	www.muji.net/lab/report/green-shades.html

实验开始前，我们特意请教了正致力于同时种植数种藤蔓植物研究的"NPO 法人狭山环境市民电视网"的本桥亮一先生。本桥先生为了削减碳排放，已经在自家房子中种植了 4 年的绿帘了。最初，他尝试用苦瓜做绿帘，可惜在仍需绿帘遮阳的季节，苦瓜竟早早枯死了。为了寻找更为合适的植物，他同时种植了数种藤蔓植物，并做了观察记录。如下所示，最理想的绿帘应该具备易培育、绿叶保持时间长的特点。虽然说享受花果的乐趣是件美事，但本桥先生认为作为绿帘，人们更重视的是其遮阳性。

本桥亮一
"NPO 法人狭山环境市民电视网"官员，并任"NPO 法人狭山环境市民电视网"温室化对策分科委员。

适宜的植物及绿叶保持期　☐ 需要绿帘的时间

种类＼适用时间	5 月	6 月	7 月	8 月	9 月	10 月	11 月
通草	████	████	████	████	████	████	
苦瓜	‖‖‖‖	‖‖‖‖	████	████			
黄瓜	‖‖‖‖	‖‖‖‖	████				
西洋牵牛花	‖‖‖‖	‖‖‖‖	████	████	████	████	
琉球牵牛花	‖‖‖‖	‖‖‖‖	████	████	████	████	████

需要满足的条件

· 6 月中旬至 9 月下旬期间不能枯萎
· 枝叶不能过于稀疏
· 轻
· 易发芽，易种植
· 不易感染病虫害［即使有虫，也要能共存］
· 难以被台风等气候破坏［篱网和植物］
· 秋天很容易从篱网上除去

※ 如果能开花，又芳香宜人，还有可口的果实那就更棒了。

本桥先生的实验：种植 4 种植物，观察过程。

7月末

4 种藤蔓植物长势喜人，已能蔽日。

琉球牵牛花　西洋牵牛花　黄瓜　苦瓜

有无绿帘，差别竟然达到 4 度！

侧向看到的绿帘。如同苇帘般的风情。并没有密实地将整个墙壁覆盖住，凉风习习通透，让整个空间更加凉爽。

花数众多、向上攀爬的西洋牵牛花和同时具备向下攀爬习性的琉球牵牛花的混搭绿帘。不但有盛开的花朵，而且能保证完整的遮阳效果。

8月末

黄瓜在 7 月末，苦瓜在 8 月末就已经开始枯萎了。酷暑正当时啊。

琉球牵牛花　西洋牵牛花　苦瓜

发挥植物各自的个性

苦瓜、牵牛花虽然可以选用自家收获的种子进行育苗，但是考虑到自己没有育苗经验，本桥先生还是从育苗中心直接买了秧苗回来种植。要遮掩 7 米左右的窗户，种植的株数在 3 到 4 棵。对于阳台，要选用大约 40 升的花盆，每个阳台种上 1 到 2 株植物。我们需要熟知各种植物的适应季节及个性，巧妙地进行搭配，做成美丽的绿帘。从图片上我们可以看出，黄瓜和苦瓜开始枯萎的时候，牵牛花正长得欢，一个劲地往上爬着呢。从本桥先生的实验结果来看，琉球牵牛花和西洋牵牛花混搭的种植，效果理想。今年，就让我们采取更多的尝试吧。

阳台项目

生活在都市及高楼中的人对绿色的渴望也许就如同沙漠旅人对绿洲的渴望吧。

没有庭院，越发想亲近绿色的生活就不能实现吗？

出于这种考虑，我们开始了我们的阳台项目。

阳台花园用具

在有效利用狭小空间的指导意见下，
阳台花园家具诞生了。
本产品仅在"FLOWER MUJI"网店有售。

由40cm木容器构成
以40cm木容器为基准，
按成倍或缩小一半的尺寸来制作，
搭配齐整。

铁木
原产东南亚的阔叶树，其强度是柚木的1.5倍。
不需要经过任何处理，耐久性可达15年之久，
马来西亚常用它来做栈桥和电线杆。

本方案专为希望在阳台种植蔬菜或香草的用户推荐。木容器中的土可以根据所种蔬菜的不同进行变换。

整个底面上开
了很多漏水孔

铁木容器　大
40cm [宽] ×40cm [长] ×27cm [高]
6300日元 [含税]
使用满足玩具安全标准 [ST 标准]
的高安全性涂料。可放心种植蔬菜。

铁木容器　小
20cm [宽] ×20cm [长] ×27cm [高]
3150日元 [含税]
使用满足玩具安全标准 [ST 标准] 的高安全
性涂料。可放心种植蔬菜

铁木花园长凳　大
80cm [长] ×40cm [宽] ×44cm [高]
12600日元 [含税]
附赠六角扳手，组装简便。

铁木花园长凳　小
40cm [长] ×40cm [宽] ×44cm [高]
6300日元 [含税]
附赠六角扳手，组装简便。

www.flower-muji.net

木地板和长凳的朴素组合方案。在堪比咖啡馆氛围的此处饮茶是种享受。

木质绿植容器的大范围使用，让我们可以乐享四季不同的绿色。还可以直接用作花坛，"收纳"各种花卉。

镀锌花园长凳
80cm（长）×40cm（宽）×44cm（高）
16800日元［含税］
长凳腿做了防锈镀锌处理。使用时，不用担心下雨及浇花时淋湿。

铁木枕木板
40cm（长）×40cm（宽）×3.6cm（厚）
1890日元［含税］

带排水沟，不易窝水。

阳台菜园

2010年春季问世的蔬菜栽培组件。
并根据同时举办的调查活动收集的信息及意见加以改良，诞生了全新的产品。

说明书上写的比实际还难。实际亲手去试，发现竟然非常简单。

育苗壶应该放在什么容器里来吸水啊，真是麻烦。

不仅是阳台，如果，连厨房和卧室窗台都能栽培，那该多好啊。

改良措施

1. **带有育苗壶的专用盆**
   附带育苗期间，放置育苗壶的专用容器。

2. **修改说明书**
   通过插画形式，让说明更加形象、容易理解。

3. **开始销售在室内也可进行栽培的组件**
   只要光照充足，室内也可栽培蔬菜。

蔬菜栽培组件 20L
迷你西红柿、迷你黄瓜、茄子
3900日元［含税］
※仅"FLOWER MUJI"店有售。

蔬菜栽培组件 5L
莴苣、迷你西红柿［无需搭架］
1900日元［含税］
※仅"FLOWER MUJI"店有售。

4号栽培组件 盆底供水形
西红柿苗／芜菁／生菜
罗勒／韩国生菜
1500日元［含税］
※仅"FLOWER MUJI"店有售。

采用了可从盆底吸水的"盆底供水"方式。浇花变得更简单，也可用于室内。

日本原产玫瑰

無印良品将以生产者的角度，为大家介绍部分自身经营的"国产绿"。

玫瑰
rose

※ 仅在"FLOWER MUJI"网店有售。

www.flower-muji.net

美丽的玫瑰，要更美丽的养护、更鲜亮美丽的递送。

Flower MUJI 上人气最高的"今月玫瑰"的产地在静冈县大井川流域。这里气候温和、水资源丰富，有 33 户农家种植玫瑰。

在这片土地上，早在大约昭和 30 年就开始栽培玫瑰了。遵从被誉为花束玫瑰生产创始人的大矢好治的指导，在大家的苦心钻研积累下，玫瑰种植业发展了起来。平成 5 年成立了生产商组织"JA 大井川花卉协会"。我们访问了该玫瑰协会，并参观了玫瑰种植大棚。垄和垄之间的间隔很大，非常宽敞闲适。虽然，这样一来就会影响

到整体的种植面积，但是，每株花的光照和通风性都会很好。大棚内常年保持玫瑰生长所需要的温度 25℃ 至 30℃。土层上面还覆盖了一层稻草，防止由于高湿度导致的冻土现象。他们如此劳心费力地小心养护着玫瑰，另外，还要根据花蕾期和开花期等养分需求的不同，来分别施肥。每月的土壤检查也是绝对不容轻视的。如此精心养护的玫瑰，要在收获后的 30 分钟以内控水，再浸水 4 小时，让其充分吸水后，放入花桶中。最后，再用花卉专用低温运输卡车运往市场。玫瑰的鲜亮美丽被细心地呵护着。大井川的玫瑰包含着生产者的满满精心。

1_ 采用冷冻链体系，流通的全过程中始终保持低温。连出货等待的时间也用巨大的冷藏库低温保存。2_ 认真仔细地确认花的品质及规格。3_ 名为"我的女孩"的玫瑰。花朵大而新鲜，最近很受欢迎。

※ 仅 Cafe MUJI、Meal MUJI、Cafe & Meal MUJI 有售。

www.muji.net/shop/cafemeal.html

山、海、太阳。连岛上的风也飘溢着柠檬的香气。

Cafe MUJI 及 Meal MUJI 使用的国产柠檬是产自瀬户内海的长腰柠檬。这里气候温和，雨水较少，被誉为最适合柠檬种植的岛屿。为了探访柠檬美味的秘密，我们来到了漂浮在瀬户内海上的小岛。一踏上小岛，山、海、阳光立刻跃入眼帘。大海反射的耀眼阳光和海风带来的天然矿物质，孕育出糖分含量达 10% 的长腰柠檬。这里的柠檬还有另外一个特点，那就是利用大山的斜坡采用梯田式种植。在陡峭的斜面上耕作，绝不是件容易的事，但却能提高柠檬的甜度。长腰柠檬的种植，自明治 31 年开始，那仅仅缘起于橘子的苗木中

混种了 3 株柠檬苗。到了大正时期，柠檬的种植面积已经扩展到 11 公顷了。但后来因为战争导致红茶进不来而需求急减 [当时的柠檬主要用于搭配红茶]。并且受到 1964 年进出口自由化的影响，一路衰退下去。另一方面，人们对安心安全的国产柠檬的价值有了新的认识。广岛物产销售部部长金子先生和科长山根先生，拟定了"日本第一柠檬产地计划"，并引导生产者种植。他们为农户免费发放苗木，在其不懈的努力和奋斗下，到平成 20 年，终于实现了产量位列日本第一的计划。长腰柠檬是人与自然完美合作的产物。

Café MUJI
Meal MUJI
Café&Meal MUJI

店里菜单上长腰柠檬的热柠檬水 [左] 和柠檬汁 [右]。
成熟后收获的国产柠檬，带有丝丝甘甜。

去旅行

想要了解过去与未来的话，只需在地球上水平移动便可。
旅行是穿行于时代间的时光机，时代变迁的痕迹横贯于广阔的地球之上。
旅行也是探索未知国度、未知风景、陌生人，以及人类感性的行为。
旅途中发生预料之外的事也是乐趣之一，
偶尔旅行也会无法按照计划进行，这就像是人生一样。
这次我们讨论旅行，再一次探寻回到自我、旅行的意义。

去旅行

有人说，如果想要穿梭来往于各个时代，
只需在地球上水平移动就可以了。
在某处，我们能见到正高速发展的过去的日本，
在另一处，我们又能看到未来更加成熟的都市面貌。
旅行，可以带一个人走回过去，走向未来，也许就像时间机器那样呢。
旅行还有一个很大的魅力就是，
会遇到一些无法预知的事和快要忘却的事。
旅行自然也有感受自然和街头的美景、异国文化、
可亲的人、风的气息等魅力。
旅行的魅力也不仅在于对新鲜事物的初次体验，
还在于对日常中快要忘却的事物，焕发出新鲜的感受。
因此，无论有多么缜密的旅行计划，
在旅途中总会有些意想不到的事情发生。
人生就如同旅行，不可能按照既定的计划运转。
如果，我们有能享受偶发事件的心怀，
那么，也许我们就能感受到更多的旅行乐趣。
你渴望的旅行会是什么样子的呢？

选几块和季节、目的地相衬的布。一定要带着纳得厚厚的布。既能暖身，而且在晚宴时披起来也很不错。

与其说是对旅行有所追求，还不如说是对旅游的目的地有着某些期许。

人、自然、不同的文化……旅行，可以让我们见识到未知的事物。
那些是通往崭新世界的窗户——这是通过旅行带来了各种相遇相知、
密切了人际关系并扩大了活动领域的小池女士的一些感受。

包括国内旅游在内，小池女士每年都要去旅行数次到十多次不等。跟工作和展览会、美术项目相关的旅游所占比例较多，有时甚至在国外租房较长时间居留。通过旅行，认识了更多的朋友，接触了很多新鲜的事物，打开了崭新世界的窗户。这些积累，构成了现在小池女士丰富、广阔的世界。

机缘是伦敦之行

小池女士初去英国是在 20 世纪 60 年代，当时她还是一个稚嫩的广告文案创意人。那个时代的伦敦被称为

"SWINGING LONDON"。文化风俗奢华，被称为"愤怒的青年"的这一代人对戏剧进行着新的革新。初来乍到的小池女士立刻感到"这个城市很适合我"。她在大学专门修学戏剧，为了能去现场观看演出，还经常把钱省下来，跑去伦敦剧院观看演出。在这期间，她结交了一些剧作家、摄影师、编辑朋友。当时的伦敦正处于街头嬉皮风格、流行音乐及波普文化刚刚诞生的时代，是各种流行文化的大熔炉。小池女士从这时开始写文章，介绍伦敦的流行文化。如此一来，很快就有了"流行通信"的创刊、执笔什么的，也和更多的展览会、研究项

被誉为"达卡之雾"重现的超薄有机棉在日本诞生！

行的布料时，她就会涌现出之前的世界之旅，回想起旅途的无限思绪。

用古老的印度纱丽缝成拼布风的披肩。泰国人用来做缠在腰间长巾的格子棉布。用高原羊的颈毛纺出羊毛纱，织入金丝，成为同纱丽成套的披肩等。知名设计师在老挝制作的毛巾，也被当作围巾使用。也有因印度之美而醉心的英国设计师和印度当地人一起合作，制出来的披肩。这些披肩，没有设计师自身的"漫长创造之旅"是不会诞生的。

每块布都包含着制作者的思想，小池女士很重视对创造者思想的理解。和布对话时的小池，会散发出少女般耀眼的光芒。与披肩相遇、与创作者相遇，这些都是旅游带给她的收获。虽然说她寻找的是"实用的纺织品"，但是每次出门，她都将布料中蕴含的思想一起带出去。这就是小池女士的工作方式。

目有了关联。伦敦之行，也许可以说是为之后的小池女士指明了工作的方向。

带着"布"出外旅行

小池女士每次外出旅行，必定要带上几块披肩。在炎热的国家，可用来擦汗；在空调效果过好的飞机及宾馆里还可用来保温；因为是棉质的，也能代替毛巾来用；把披肩披上，即便身着普通衣服，也似乎有了盛装的效果；轻轻铺在宾馆的椅子或床上，空间就会立刻柔和了许多。小池女士称这样的披肩为"实用纺织品"，特别爱用。日本布最初引起小池女士注意是因为她看到了白洲正子女士店里摆着的手织布。

店里有许多像"间道缟"那样的细条纹棉布。小池女士买了来，改做了西服。替她改做的是经营着西服裁剪学校的母亲。小池女士从一出生，就生活在布匹包围的环境中。

通过旅行见闻，她了解了世界的纺织品，促进了她对布匹的热爱。小池女士很重视布匹，每当看到要带着去旅

1_ 在米兰的针织展会上，小池女士把带来的布料拼接在一起做成了一件衣服。2_ 写有航班、目的地、联络方式的旅程表。上面放着的是耳塞。

人气很旺的日本料理店。在伦敦，没有在外旅行的感觉。

Q&A	PROFILE

小池一子 广告创意总监

武藏野美术大学名誉教授。无印良品创业以来的顾问支持。著作有《三宅一生的思考及发展》、《空间风水》等。

1. 旅行的目的是什么？
体验该地区日常的"不同文化"。

2. 舒适旅行的秘诀？
适合自己耳朵的耳塞，保证在飞机及旅游地有良好的睡眠。

3. 旅行时会带上无印良品的什么产品？
吊挂使用的小挂钩。到农村可以挂在树枝上使用。

※ 以下所有提问问题相同。

山中漫步遇到瀑布、小潭，就会想跳下去游泳。瀑布中游泳，会让身体冷却，所以只能在归途中享受这种乐趣了。

在山中让自己的内心空下来，重新焕发昂扬斗志。

在旅行中要和自然亲密接触，那就莫过于登山了。
自学生时代起，就和大山亲近。即使现在成为医师后，忙到工作追着身后跑，
也喜欢在山中漫步，放松自己身心的坂田医生如是说。

虽然坂田医生生在东京、长在东京，可是，自小时起，每次放假她都会回到母亲的家乡去，是个喜欢在大山中玩耍的"小野人"。可惜，中学和高中读的都是女校，在大山中疯玩的生活就没能继续下去了。大学入学时，她就自然地参加了登山社，她笑着说，那是"封闭已久的小虫要蠢蠢欲动了"。

现今"爬山女"已是一种潮流了。可是，坂田医生入会那会儿，部内成员可是相当稀少，女孩就只有她一人。男成员有两位比坂田大，一位比她大3岁，另一位比她大6岁，

社里还有位比坂田小2岁的男生。这就是当时登山部的成员情况了。因此，我们从策划和老师那里得到了如同拉手传教般细心的指导。有这样得天独厚的环境，难怪学生时代的她也会有登山"不仅仅是充满艰辛"的感受了。

为了"ON"和"OFF"的切换

成为一名医生后，半夜被叫出去的事可就一点也不新鲜了。坂田医生很难适应"ON"和"OFF"的切换，压力不断增加。成为社会人的坂田小姐在感到疲惫时，就真切地渴望到"山里走一走"。

1_ 沿着山脊漫步，心情真是好极了。身材苗条的坂田小姐背着重达15公斤的行李。2_ 和先生一起登山，在山顶上迎接自己的生日。先生给她的惊喜是坂田小姐的大爱——西瓜。这可是秘密运上来，给她做生日礼物的。3_ 和母亲、妹妹一起在国外的大山中徜徉。

计划笔记本、地图等。爬山的乐趣自准备阶段就酝酿了。

医生一旦工作起来，休假就不定期。每每会突然被告知"从明天起，你可以休息休息了"。再去报名旅行肯定是不行了。突然休假时，独自一个人能去的也就只有爬山了。如果能争取到"悠长"的夏休，她就可能会花上一个星期去山里转转。

话又说回来，如果真可以休一个星期，那又必须做好自己不在期间，真出点什么事也能解决的交接准备工作。虽然也有人遇到了辛辛苦苦做好了交接工作，到头来却没得到休息的事，但是坂田小姐认为交接工作是对自己工作的梳理。出发前，对自己的工作进行阶段性梳理，其实已经是在释放自己的压力了。正因为有了那样的准备，所以旅行回来后，就能以全新的状态进入到工作中了。

花三分之一气力的行动

有时，坂田小姐也会一个人在山中逗留一周。无论以前在登山社经过怎样的磨练，但是孤单单一个人在山里，也会觉得寂寞和害怕吧。"平时，身旁都是人，所以没人时，也就不会感受到寂寞和害怕。反而感觉到很放松。"坂田小姐却是这么说的。也是，旅行时，追求的不就是"非日常"吗？

可是，为了能在危险中保护自身安全，坂田小姐只会"花三分之一的力气"来活动，这是坂田小姐在山中旅行坚守的不破铁则。每天的活动在下午1点或2点左右就结束，这也是她的原则之一。受天气因素影响，坂田小姐也曾有过停止前行，三天住在同一间小屋中，然后踏上归途的遭遇，她认为"对手是大自然，那就没办法啰。"最初的时候，她也干过有勇无谋，被笑为"逞强"的事，在不断的实践中，她点点滴滴地学习着，也学会了"不再逞强"。这种对自身的控制，也被用到了她的工作当中。

当被问到山岳的魅力时，她给了我们这样简洁的回复："什么也不想地走着，让自己空下来，心情就会非常好。"在山中漫步，体内的水分会被置换，就会有那种净化身体的感觉。只要待足一周，充分净化后，人就会产生要"重新回归尘世"的想法。在山里，也许只需1周，时间和空气就已经让人充实了。

1月才新婚的坂田医生对我们说，以后每个周末她会抽半天时间去山里走走，让山中旅行融入日常生活。是啊，随着生活、工作、家庭形态的改变，爬山也可以有各种形态的变化啊。

Q&A	PROFILE

坂田英惠 医生
学生时代曾加入登山部，开始爬山。毕业后，在忙碌的医生生活中，抽时间去山中释放压力，恢复工作精力。预计今年5月起，她将到山形县内的医院工作。

1. 放松身心，体验不同的文化。

2. 在一日活动结束，太阳没西下的时间读书。

3. 干果等小吃。

册册都是手工制作的影集。因为选的都是自己看着喜欢的照片，所以影集的厚度也厚薄不一。

把回忆形象化。这样，旅游才算结束。

"旅行有三种乐趣"。
准备阶段、目的地旅行以及归来后对旅行的整理，即再次品味旅行的乐趣。
把旅行照片制作成"作品"，并乐在其中的中野小姐如是说。

我们拜访的中野小姐的家是在可俯瞰目黑川的某大厦的5楼。墙壁、天花板和地板一律被涂成了白色，连沙发套和宝宝的木马都是白色的非常简洁的空间。房间的香烛幽幽地飘散出淡淡的香气。我们想看的影集正摆放在古色古香的长凳上，这是中野小姐精选出的旅行地的照片并亲手制作的原生影集。

相册根据旅行目的地的不同，共分为八册，包括从菲律宾的渔夫岛开始直到近期肯尼亚旅行所拍的照片。打印成手札大小的照片，感觉与普通的照片就是有所不同。

问了一下才知道，照片的白边框不是同一制式的，打印时对余白做了特别要求，并特别印制出来。这可是中岛小姐充分考虑了整册影集的效果才有的呈现。

制作影集的感受

中岛小姐原本想着做成旅行的照片记录，这样就可以在空白处加上个人感想。可是这八册影集，没有任何一张加了感言。中野小姐说："做着做着，就想做成私人明信片或者是写真集样的，所以，最终什么感言也没写。"和中野家的装饰美学相通，白色的基调贯穿着影集。连照片主体的选择，也很有中野风格。出场的多是风景和动物，基本上没什么人的镜头。相反的，清洗的衣物和自行车倒是频频出现。"在旅人的视线中，最接近的就是清洗衣物和自行车。当时，还没意识到什么，回头再看时，才发现这比拍摄人物这种东西要真实多了。"中野小姐是这么告诉我们的。站在"这种东西"当中，一起前行，不如在稍远些的地方，鸟瞰全局。这也许正是中野小姐视点中体现的思想吧。

对于照片怎么排布，当然，中岛小姐发挥了作为美编特有的感觉。装订方面，借用中岛小姐自己的话来说"完全是外行人"。她身姿绰约地笑着说是在尝试中边犯错误边改善，就是创作者那样"一旦工作起来创意就如泉涌吧"，享受着工作。

旅行素材制作的封面和充满旅行印象的封面

她用机票、封皮、在旅行目的地文具店购买的折纸、买东西时附送的气垫子等等在旅行中得到的各种素材做影集封面，甚至包括用航空公司的行李托运票、猎装说明书等。

也有部分封面不是用旅行目的地得到的素材制作的，这些封面反映了对该国的印象。北京的那套封面用的是单一的红色。突尼斯给她的印象是一片沙漠，归国后，她特意找了像砂纸那样表面质感粗糙的纸来做封面。这些点点滴滴的用心都体现在各本影集上。

中野小姐多数是独自旅行。有时也和意气相投的朋友一起去，但同行者只会有一个人。中野的理由是"两个人去旅游，如果兴趣不同时，各自都可按各自的爱好去做。但是，如果是 3 个以上的人时，就很难只凭自己的爱好行动了。"旅行不是对谁的束缚，而是对身体和心情的解放。照片为旅行中的风景增添了真实感。

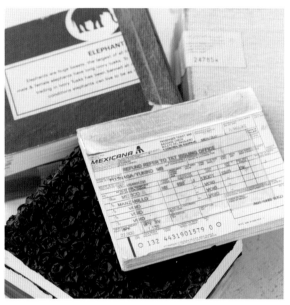

用旅行目的地得到的素材制作的封面，传递着不同国度的气息。

完成后的作品还没在人前展示过，基本也就是自娱自乐。"旅行结束后，还有这个乐趣呢。""影集完成后，我才有了旅游结束的感觉。"

总结一下结束后的"制作"，才是对旅游的完整享受。

经常亮相的清洗衣物及自行车。不拍人，能感受生活。

Q&A	PROFILE

中野有希子　艺术指导

主要从事与时尚·音乐相关的工作。现阶段，非常重视和 1 岁 10 个月的有莉宝宝在一起的亲子时间，减少了工作量，享受着育子的快乐。

1. 根据目的地的不同，目的也有所不同。

2. 使惯用的药物。
   保持身体状态的口罩、围巾及润喉药。

3. 小份护肤品、化妆包。

蒙古一望无垠的大草原。感受到″什么都没有″或″草的绿海和天空广袤无垠″，人不同感受也不同。

踩着脚蹬板，享受着路遇和自然。

旅行有"点"也有"线"。
在去往目的地的线上，真正遇着有趣的东西。
我们拜访了为了体验线上的快乐，骑车周游世界，称"自行车是发现之足"的丹羽先生。

听到"骑着自行车周游世界"时，总感觉困难重重。何况在听说还骑车行走过非洲、西藏、安第斯山脉时，感觉那对体能的要求应该是非常苛刻了。将这种不安问出口时，竟然得到了"只要能骑自行车，都没什么问题"的回答。丹羽先生称自行车不是"冒险之足"而是"发现之足。"

有人生活的地方就有路

丹羽先生在旅行中最重视的就是"会遇到什么样的人"。因此，"路"就变得很重要。延续什么样的路，之后会有

什么样的风景、遇到什么样的人、吃到什么样的食物、过上什么样的生活……干线道路和狭窄岔道的行走能满足这种兴趣，那里有星星点点的村庄、农田，有"普通的生活"。那里有活生生的人，只要搭腔就会有回答，还会端出食物，有时还能提供住宿。这里有着"点"所没有的际遇和人际接触，在这其中，我们看到的是当地最本来的面貌。而自行车又是最适合这种旅行的交通工具。远离市区中心 5 公里，这片土地上就会出现"普通的生活"。5 公里的移动，对骑车来说是不值一提的距离。另外，自行车几乎可以说是地球上任何地域都有的轻便交

路过位于安第斯山中的秘鲁小村庄，去看看那里的生活。

通工具。骑车的话，可以轻快地到达汽车无法进入的道路。在想停车的地方随时可以停车。丹羽先生的团队在衬衫上用当地语印刷着"请给我点茶"的字样，然后穿着这样的衣服行驶着。这也是交流的契机。首先靠近的总是孩子们。近处的老人们还是极自然地饮着茶。他们一眼就看出这些是骑车穿行的旅人，也没什么警戒心，让团队的人感觉很开心。正是如此，这样的瞬间相会也是令人愉快的。

骑车之旅是与人相会之旅。旅行中，稍微叨扰下他们的生活圈，也让我们瞬间见识了他们的生活。

这种旅行可不仅只限于国外。东京下町的半日巡游，丹

羽先生也是带着相同的意识，骑着自行车，来了个短途旅行。

让身体充分感受自然

骑车旅行还有一个魅力就是骑着车，让身体沐浴在自然中。空气、风、光照、温度、声音、气味……打开五感，感知世界。享受骑乘和无奈地骑车，所感受和看到的东西是大不相同的。蒙古草原上每隔 100 米草的气味就有所不同的现象非常令人吃惊。

再有就是，越去海外越感受到的"日本的美"。富于四季变化的自然的纤细之美和水质的优良，都是在日本才有的。感受到了引水种田的智慧、种植绿植而又生活在绿植中的和自然和谐的日本人的生活。

"喜马拉雅好，日本的农村、东京的街道也别有情趣。我对以前常走的、现在正行走着的地方感觉最好。"丹羽先生如是说。正如"因为瞬间的快乐，而骑着车出去旅行"所说的那样，是自心底散发出对自行车旅行的热爱。让身体沐浴在自然中，在所旅行的土地上，接触到原生的生活和人。自行车之旅，感觉就如同在探寻旅行的原点。

场所自行车旅行团队
从东京的巷子小道到西藏、安第斯、亚马逊、撒哈拉沙漠，周末带领大家去往世界某处体验自行车之旅。http://www.ncycling.com

黎巴嫩山坳里的小村庄，孩子们对没骑过的自行车很好奇。

Q&A	PROFILE

丹羽隆志　场所自行车旅行团队领队
有美国蒙大拿州户外学校工作人员经历。回国后，发起了自行车旅行团队。通过电视和许多著作，宣传着自行车运动的乐趣。

1. 与人相会、体验不同的文化。

2. 行李很少，带着好奇心。

3. 没有。

旅行调查报告

旅行，目的有很多种，或为观光，或为探望、探访等等。
有领队带领的团队游，也有不定归期的自由旅行。
也有是因为工作而不得不去。
这次，我们将调查一些工作以外的个人旅行的乐趣。

"我自己的旅游乐趣调查" 2011 年 2 月开展实施，共有 2698 人参与调查。

◉ 男女比　　女性 **79%**　男性 **21%**

◉ 年龄　　20 多岁 **12%**　30 多岁 **44%**　40 多岁 **29%**　50 多岁 **11%**　其他 **4%**

◉ 有无小孩　　有小孩 **29%**

旅行最主要的目的是什么？

目的	百分比
放松身心	81%
远离日常生活	70%
品尝美食	68%
体验不同的文化	48%
接触自然	36%
与人相会	22%
其他	8%
没有特定的目的	4%

和家人一起的时间最重要
因为工作，每天都过得忙忙碌碌，想有和家人一起过又能带来回忆的重要时间
女性 30 多岁已婚 有 2 个孩子

乘坐火车、和当地人愉快对话
和来自挪威的夫妇在酒店的大厅遇到。挥挥手、晃晃身子、互相交流本国的风土人情，愉快地度过了一段短暂的时光。虽然语言不通，但是可感觉到心意相通。
男性 60 岁以上 已婚

不论男女，很多人都选择"放松身心"，"远离日常的生活"。20 岁出头的人、学生、创作人、自由职业者多选择的是"体验不同文化"和"与人相会"。

哪些会让你的旅行更舒适？

在飞机上　第一位　数码相机
　　　　　第二位　观光手册
　　　　　第三位　书本
　　　　　第四位　果子、饮料
　　　　　第五位　药物

酒店　第一位　充电器
　　　第二位　化妆品
　　　第三位　拖鞋
　　　第四位　喜欢的香皂、沐浴露类
　　　第五位　吹风机

虽然数码相机和观光手册排在前面。但是长时间的飞行中，带着披肩、围脖、耳塞、眼罩等的人也很多。机舱内空气干燥，口罩也是必需品。带着小宝宝时，为了不让宝宝厌烦，还要想尽办法要立刻能将点心、玩具、绘画工具等拿出来哄宝宝。

为了应对干燥，带了便携加湿器和香薰沐浴剂的人也有。为了在目的地能清洗衣物，有人带了沐浴露和透明皂，也有三成的人带了洗涤剂。晾晒方面，除了晾衣绳，那种有夹子的小折叠晾衣架也非常有人气。也有很多人带着吹风机，用惯用的东西整理头发也更简单。

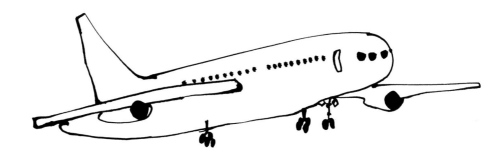

旅行中主要的乐趣在于?

品尝当地特色料理	72%
历史遗迹、文化遗产、博物馆、美术馆	66%
美丽的自然	60%
悠闲	55%
购物	45%
探访农贸市场、寻找珍贵食材	39%
举行的活动和仪式等	25%
开车兜风、巡游	20%
体育活动、休养	12%
游乐园和主题公园	11%
其他	10%

20 至 30 岁的人,无论男女多"喜欢品尝当地特色料理"。50 至 60 岁的人,多喜欢"美丽的自然"。20 岁出头的人绝大多数喜欢"悠闲",相反,30 岁居于养儿育女的中心年代,在目的地就没法那么"悠闲"了。

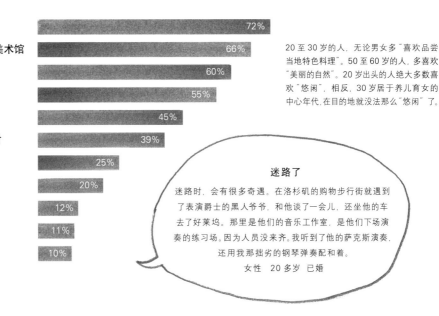

迷路了

迷路时,会有很多奇遇。在洛杉矶的购物步行街就遇到了表演爵士的黑人爷爷,和他谈了一会儿,还坐他的车去了好莱坞。那里是他们的音乐工作室,是他们下场演奏的练习场所。因为人员没来齐。我听到了他的萨克斯演奏,还用我那拙劣的钢琴弹奏配和着。
女性　20 多岁　已婚

旅行中的纠纷也能成为回忆。

当时我的恋人背弃婚约,我和朋友一起去夏威夷旅行散心。从北岸回来时,在当地的浴池遇到了当地的母子,外观看上去并不富裕,母亲和我年龄相差无几,有 3 个孩子。中间的孩子有一只眼睛有障碍,但是 3 个孩子感情很好、一个劲地和我说话,用他们的快乐洗刷了我内心的悲伤,让我意识到失恋真不是什么大不了的事。再回想起那段旅行,觉得能恢复元气就是最大的收获。

从法国南部小村乘长途大巴赶往尼斯机场。在快到机场的高速上,大巴尾部座位突然冒黑烟并伴有异味……大巴紧急停靠路边让乘客疏散。当时行李是拿不出来的,我不知哪来的勇气,又跑去把行李拖了出来。安全把行李拖出后,大巴不久竟然爆炸起火了。虽说酷夏容易发生这样的事,但也太恐怖了。还说是德国的高级大巴呢,仅仅因为酷热就爆炸,怎么都不敢相信。

夜里,迷路了。沿着海岸线行驶的时候发现了银色的月光世界。大海波光粼粼,倒映的山的轮廓也熠熠生辉。虽然那时我正烦着呢,但想着这样的景色真是太迷人了,竟然也安下心来。

墨西哥建国纪念日,意外因为飞机中转住了一夜。正好碰上了当地的泼粉节,从头到背带裤的折缝,衣服里面全都是面粉和面包屑,太狼狈了。不过玩得很开心。

追逐音乐 —— 無印良品之旅

無印良品自创立之初就开始制作自己的店内音乐，10 年前就开始销售客户想要的 "BGM" CD。主题为几十年、几百年为生活所爱的音乐。是源自生活、代代相传、老演奏家传给年轻演奏家的音乐。在祭祀、庆典、家人和朋友相聚的场合为表达人们的思绪而演奏，有时会成为严酷生活下支撑下去的动力。生活音乐就是和自己共生并能实现进化的音乐。它是 Living Tradition [延续的传统]。它有不为时代所左右的 "安心"、和無印良品的思路自然融通。让我们带着这样的思想，和世界各地的音乐家一起开始合作之旅吧。

相会在"世界的尽头"：凯尔特人的心。

距伦敦希斯罗机场 5 小时车程。大不列颠岛最西端被称之为"世界尽头"的康沃尔受凯尔特文化影响根深蒂固。出现在公元前 1500 年的凯尔特民族有着共同的宗教信仰和文化，在公元前 4 世纪，他们的影响从中亚一直扩展到整个欧洲和非洲的一部分地区。他们的音乐由独特的旋律与和声构成，让人震撼。由恩雅演唱的电影《指环王》的主题曲就有很多这种元素。我们此次旅行的目的就是通过现代音乐家的演奏将凯尔特的传统音乐收录起来。

录音借用的是康沃尔当地音乐家的个人工作室。该工作室是在军用飞机场旧迹上建造起来的，虽然非常简朴，但是它却见证着主人的浪漫爱情。

可唱低音的米歇尔。质朴、高贵，仿佛是电影《亚瑟王》中的王妃。

第一天，当听到从录音棚传来的声音时，我们听到了震撼的凯尔特之歌，那正是我们找寻的。歌声的主人是希拉里·克鲁曼[凯尔特吟游诗人]，我们叫他巴特。那歌声让我们想起了苍茫森林和原野时期的康沃尔。凯尔特音乐是母系音乐，有三大信仰，分别是对母神、大地和精灵的信仰。不夸张、不造作，如同在暖炉旁自然地为家人和朋友歌唱那般，希拉里的歌声如大地般强势、暖风般和煦，又如训斥孩子般严肃。

突然，工作室中响起"不吃午饭吗？"的声音。一手包办我们录音期间饮食的开朗的萨曼莎来提醒我们该吃饭了。工作室所在的小村庄只有 6 家商店，所以我们吃饭都是在工作室内解决。看到一贯爱笑的萨曼莎故意板起的脸，大家赶忙去餐厅。有时，工作室的烤箱坏了，萨曼莎就特意去奶奶家烤馅饼送来。当被告诉"工作室的用餐，不用太在意，什么都行"时，她回答说："谢谢，不过还是想让你们吃我认真准备的食物。"

小时候就跟随家人到世界各地旅行的萨曼莎，做着世界各地的料理，她的料理功夫可是首屈一指。

自己认真准备的食物给人幸福感，那么自己就是幸福的制造者，萨曼莎乐在其中。为了重要的人付出自己最大的努力是萨曼莎的人生哲学。

在各地奔波的她知道安稳生活的重要。音乐家们也喜欢在音乐录制空挡，开心地围着餐桌而坐。到现在我才意识到，所谓的"生活音乐"也就是这样吧。

现在的康沃尔已然看不见凯尔特的苍凉大地、茂密森林的原貌了。可是康沃尔的凯尔特却更加纯粹地留在了人们的心中。他们朴素而坚强，认真、勤恳地过着每日的生活。在僵化的现代社会中，人们之所以对凯尔特文化感兴趣，可能源自于自身对凯尔特人生活的向往吧。

☐ Paris / BGM2
☐ Sicilia / BGM3
☐ Ireland / BGM4
☐ Puerto Rico / BGM5
☐ Andalucia / BGM6
☐ Scotland / BGM7
☐ Stockholm / BGM8
☐ Napoli / BGM9
☐ Buenos Aires / BGM10
☐ Hawai / BGM11
☐ Paris / BGM12
☐ Rio de Janeiro / BGM13
☑ Cornwall / BGM14
☐ Puraha / BGM15
☐ Beijing / BGM16 5月中旬
每碟 1050 日元 [含税]

MUJI to GO 是专为旅行和移动服务精选的产品。
为大家提供移动以及商务的相关服务，并提供"世界时钟"、
"天气预报"、"汇率"、"计算器"等信息。

iPad 运用
价格：**不产生费用**

工作环境：iPad
需 IOS3.2 以上版本
**语言：日语、英语、法语、
西班牙语、汉语**

◎画面上部介绍了各种舒适旅行、
移动信息

◎通过滑动可以简单切换各种功能。

时刻：可以在画面上增加 / 删除世界各城市时间，做成你自己个人的世界时钟。

天气：可用画面显示世界各地 5 日内的天气预报。可增加 / 删除。

电源：世界各国都可使用的万能插座。可以选用合适的插孔使用。

汇率：可用现在的汇率显示世界货币、可增加 / 删除。也可用来换算货币。

计算器：大数字显示计算结果，还可以看到计算步骤。

调查·探索：带有方便的 Google 检索功能。

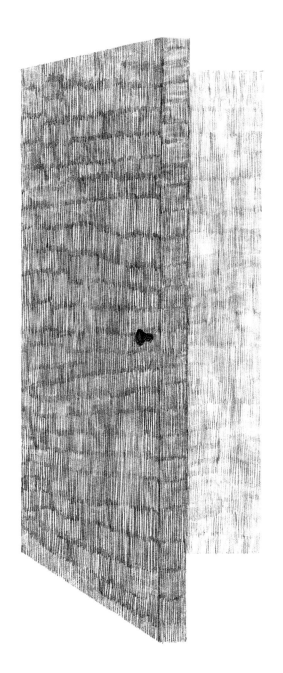

no.05

常防万一

如何让日常使用的物品在灾害中也能发挥作用？
2011年3月11日，日本东北部发生大地震。
那个时候我们发现，平时为防万一准备的东西，在灾难真正来临的时候却派不上用场。
电池没电、找不到应急箱、食品过期等问题经常发生。
为使平时使用的物品能在灾害时用得上，
我们把这次的课题定为"常防万一"，引导用户重新审视我们的产品，
发现这些产品在危急时刻也能派上用场，并且通过收集意见对产品加以改良。

常防万一

日本作为一个地震多发国，经常受到地震威胁。天灾真的就无法预防吗？
根据日常不同程度的防灾准备，是可以尽量减小灾害带来的损失的。
出于这样的思考，我们策划了防灾专案，但就在专案启动前，发生了东日本大地震。
让我们亲身体验到了"常防万一"、做好准备的重要性。
在"常防万一"的理念下，我们要学习在生活中可以掌握的防灾知识，
大家一起思考，然后再逐一去实践。

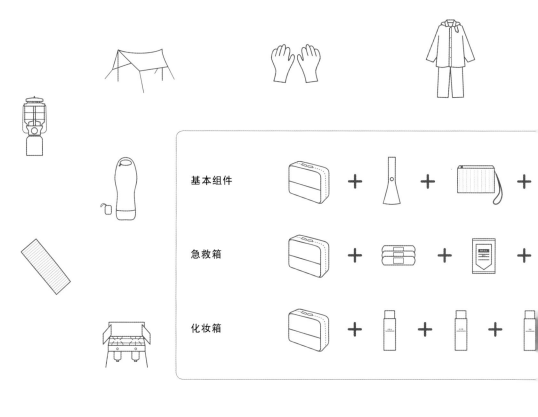

基本组件		+		+		+
急救箱		+		+		+
化妆箱		+		+		+

OUTDOOR

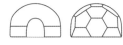 

灾难发生时，会"脱离日常的活动"，最重要的就是实现安全与安心。为此，在对必要装备和技术的验证中，我们注意到了一些事情。紧急状况时、在户外或是在旅行时，最低限的装备需求都是基本共通的。一看到那些物品，会让我们联想到不常用，其实也就是脱离常规生活的所谓"非常时期"所用的物品。我们已经看到了需要

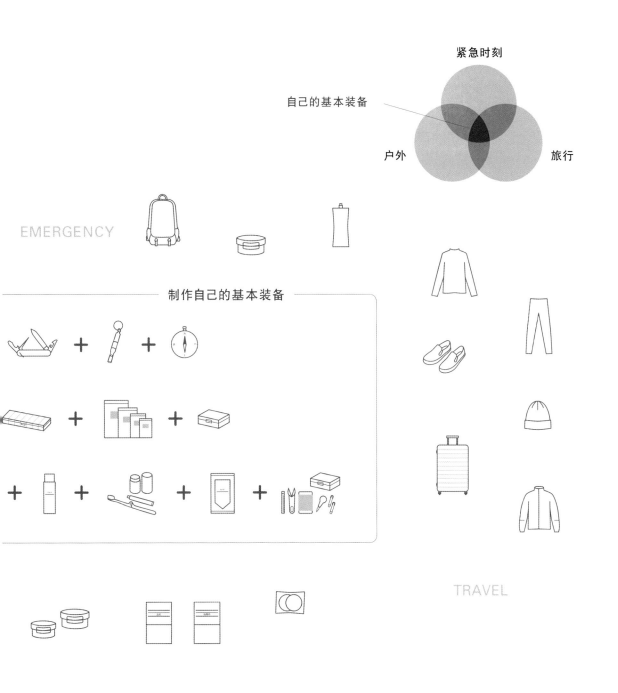

紧急时刻

自己的基本装备

户外   旅行

EMERGENCY

制作自己的基本装备

TRAVEL

的知识、技术、工具都是相通的。所以，在享受户外活动或旅行的快乐时，已经掌握了防灾知识和技能，也就能准备好工具。如果是专为"万一"而准备防灾用品的话，可能准备上就有点困难。但是，要是通过户外活动或旅行，平日里就有准备，那就应该不难。这里蕴藏着很多知识和体验，只要我们有了这些积累，在发生不测之时，就能

派上用场。意外时能用上的知识、工具就能成为"防灾能力"。我们所考虑的"常防万一"就是在享受日常幸福生活的同时，尽量多地吸收防灾经验。为了实践这样的思想，我们还开设了"防灾宿营"活动。大多数人高度配合，与我们一起思考度过"万一状况"的方法。

活动 **防灾宿营**

无论是多么了不起的知识或工具，如在发生意外时不能加以运用，那就不能发挥真正的防灾作用。
已经找出旅行、户外活动以及紧急时刻的共通之处的我们，
要通过宿营活动来体验非常时刻，掌握必要的技能，我们开始向無印良品嬬恋宿营地出发。
5月14日［周六］至15日［周日］，员工和他们的家人等据说总计有50人参加了此次研究组活动。

早上8点从东京都出发，大约4个小时后到达群马县的嬬恋村的無印良品宿营地。两天一夜的防灾宿营开始了。活动前培训、做准备体操，之后全员开始搭建帐篷。

应对身体温度的变化

好冷！穿了好几层，还是觉得冷。

在海拔1300米的嬬恋宿营地。海拔每升高100米，气温就会下降0.7度，加上风太大，感觉就如同回到了2月下旬一样。让大家感受到身体的寒冷，并学会根据御寒材料的特性、功能，加以组合利用。

结绳方法

急救方法

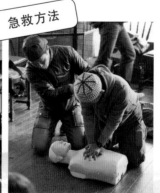

为防止遗忘而反复演练

特别应邀参加的现役消防员，从结绳方法开始，交给大家使用三角巾急救方法、AED使用方法等。绳子在灾害发生时的营救活动中发挥着非常重要的作用。同样粗细的绳子在连接时要使用"平结"，而快速固定时用"酒瓶结"。一时很难学会，所以在回程的巴士上仍然能看到还有人在努力练习呢。

無印良品 恋宿营地

利用自然原环境构建的宿营地。位于群马县吾妻郡的高原上，可以看到日本百所名山的浅间山、四阿山、草津白根山三座名山。
www.mujioutdoor.net

如何选择野外生活工具

选择想要的工具

手电筒、哨子、扩音器、刀、劳动手套、雨具等都是宿营必要户外装备中的代表性物品，也是非常时刻所必备的装备。另外，急救箱、化妆箱[洗面用具]也是旅行中会用到的。关键在于，要选择可盒装携带的功能性工具。但是，如果使用者不理解，放置不用，也起不到应有的作用。经常使用，最后就能选出适合自己的特别组合了。

用少量的水生存下去

水的大致使用量为每人每日 2L

生活被打乱，可以想象到供水肯定不足，所以需要决定用水量，并采取综合节水措施。用过的餐具用湿纸巾擦拭，通过制作并使用纸质餐具，减少清洗物。

※ 同一个宿营地，在8月19日至21日之间举办的"2011夏令营"中，开展了纸质餐具制作活动。

受灾后的饮食体验

最好的用餐是
甑煮黄油咖喱鸡腿

非常时期的饮食不仅要简单，美味可口也很重要。对甑煮食品，日常要边吃边定期检查，并时常补充，这样备好的食物也会很好吃。

共同度过两天的营友们在互致问候，
"承蒙关照了"。

no.05　常防万一　　077

我的"时常设想" ⑷⓪

我们对活跃在各界的40名人士展开了"常防万一"的调查。
其中，有因为工作原因经常在世界各地飞来飞去的"飞人"，
也有工作之余喜欢享受户外运动的人士。
还有些人本身就从事医疗或救助活动工作，平常就需直面生命无常。
对于这些在熟悉"旅行"、"户外活动"、"紧急时刻"等各领域的人来说，
我们所提出的"万一"，就是日常性的，不存在所谓的"备用"。
反过来说，他们这些人处变不惊的行为中，
可能就隐含着许多对我们在"万一"时有用的启发。

常防万一 ①

备上满足两天用量的常备药

可能是30年来暴饮暴食的结果吧，我一直饱受痛风困扰。这种病一发作，大拇指根疼得人什么也做不了，非常恐怖，所以我每天都不忘吃药，就害怕忘了吃药会引起不适。平时不管去哪里，我都带着备用药。冬天去北海道出差，因为航班取消回不来时，又喝多了，临时去投宿，在因灾害、事故导致无

法出行时，两片备用药，让我得以悠然度过特殊时期。

宫岛慎吾：武藏野美术大学教授

常防万一 ②

工具、水和天然干酪

基本上出门在外必备的物品有：身份证、细长的手电筒、半导体收音机、蜡烛、劳动手套……还有提示藏身处的鸣笛、保护身体不受放射物质伤害、防尘的活性炭口罩、下雨时穿的薄雨衣。食物多自然好，可是占地方。干净的水和坚硬的天然干酪是不错的选择。长时间保存也不会变味，而且营养成

分高、含钙量也高，能让我们很快镇定下来。

宫屿望：北海道"共同劳动学舍新得农场"负责人

常防万一 ③

推荐使用头灯

宿营、登山以及紧急避难时，电筒是必备的。一说到电筒，可能我们首先想到的是手持式的，但是，实际上头灯在便利性上却有着绝对的优势。手上已经拿着行李，再拿电筒行动

会受到较大限制，所以夜间活动、避难时，我推荐使用头灯。最近，轻便的LED灯有很多种类，鸡蛋大小［重量］的头灯照明度就足够了。

福田六花：音乐家、医生、竞走爱好者

常防万一 ④

寒冷地区常备的物品也是用来以防万一之物

我住的村庄，冬天时温度在零下10度以下是非常正常的，还发生过被雪封住的事情。这就意味着，在这里任何时候都是非常时刻。所以，我的车上备有水、汽油，还有足够一个月食用的食物。平时，我都是将刀、灯、绳子等放在背包中背着到处走。3.11之后，我又放进了碘剂。刀可以当锯子用，也

可当做铲雪的小铲子用。可是，就因为我随身携带了这些东西，曾被东京警察扣押了6个小时。

雅各布·雷纳：环保建筑家、可持续发展设计师

常防万一 ⑤

与人和睦能救人

我们是阪神大地震后成立的街道防灾组织，最为重视的就是人的和睦与联系。"咚咚咚，锵，街坊四邻，快把信息板报传阅起来，"［日本的街道和村庄都有传阅板报，目的是为了互通互助信息］我希望能像这首歌所唱的一样，大家互助互爱。灾难发生时，我们的日常生活供给被破坏，救援物资无法立刻到达。所以在灾难发生的同时，我们防灾本部就要立刻做出反应，确认辖区家庭的安全，大家齐心协力逃出去。前不久，我们组织了临时的防灾训练，前来参加的人也很多。

内藤郁雄：［千叶县船桥市］田喜野井二丁目束町会防灾部长

常防万一 ⑥

预先知道"不会心慌的量"

因为只是假设，所以把这样那样的东西都放进包里带着，那包就会变得很重，把这些东西都放在家里保管起来，那家中就会变得很狭窄。所以，平常多了解与自己相关的事，关注一旦发生"万一"时，让自己"不会心慌的量"。例如，我家一共三口人，5 公斤米、12 卷纸，就能让我们用一个半月。我只要带着这必要的"不会心慌"的库存量，就可以安心畅快地生活了。

吉川永里子：收纳顾问

常防万一 ⑦

宣告自己存在的哨子

深入山坳中溪钓时，为了避免遇到熊，可以通过避熊铃等发出的声音来保护人的安全。但是，因为自己没动，溪水的声音会减弱避熊铃发出的声音，效果不容乐观。这时就可以使用哨子。另外，还和同伴们规定了暗号，一声"集合"，二声是"有危险"，这在没有手机信号的情况下，可是重要的联络手段。

桑原芳昭：平面设计师，飞钓者

常防万一 ⑧

工具和能支撑起自己的东西

旅行时，我总在行李中放上小塑料袋和绳子。塑料袋可以防止电器产品淋湿，也可以用来整理、收纳一些小东西。遭遇"万一"时，塑料袋还能用来装水、户外活动用的绳子等，其体积小，用途却很多。可以用来晾晒清洗过的衣物，还可玩跳绳。打好结，背在肩上，还可以背重物，非常结实，不用担心会断掉。另外必备的还有家人的照片，一个人时，那是自己的支撑。

一濑雄次：服装采购

常防万一 ⑨

放到枕头里，睡着了也安心

灾害在何地发生，是没法选择的。万一正睡着，突然发生灾害，自己能否得救，那就很难说了。所以，我一定要把"万一"时的准备都放到身边的枕头里，如哨子、笔、LED 灯、口罩、劳动手套、保温毛毯……感觉怎么这么像江户时代可以放入笔、镜子和蜡烛的旅枕啊。

锻治惠：NPO睡眠文化研究会事务局长、睡眠改善指导

常防万一 ⑩

平时也经常使用的烤架

在平时的生活中，我就喜欢轻松愉快的户外生活，但是，我又不太喜欢随便弄弄，工具应该用好点的。我的台式烤架虽然价格稍微有点高，但可以放心地直接放在桌子上享受烧烤的乐趣，甚至烤架还可以当沙拉碗和红酒冰桶使用。光放在那里就感觉很华丽，平常就经常使用，里面炭火不绝。其多功能对防灾来说非常好。当意外发生时，桌子华丽点也没什么关系吧。

曾我部昌史：建筑家、神奈川大学教授、蜜柑组合伙人

自己的包和钥匙环

我家里就有避难用的背囊。但是这背囊却不知道放在哪里了。原来想着不知道什么时候才会使用这背囊里的东西。可是3.11海啸之后，我的想法发生了转变。平时去山里的头灯我是有的，但因家里空间有限，常年不备煤气炉、电筒。因此，我决定在客厅也准备个酷酷的避难包。但是，慌乱会让我们做出不正确的判断，结果导致该带的都没带出来。我还在钥匙环上挂了小刀和手电。

白井婴一：白井设计公司法人代表、设计师、登山爱好者

用净水器储存水

我家几年前就买了净水器，定期让人送水来。随时都可以喝到凉水和开水。万一停电了，虽然净水器会失去冷热功能，但是还可以喝到水。平时12L的水桶，我们都准备2到4桶，以备发生灾难时作为生活用水使用。这样既不影响生活空间，又能储存水，真是一举两得。

古坚纯子：幸福住宅改造师

提高自身的体力

平时不使用城市中的扶手电梯是件好事。可以"省电力"、"防止代谢综合症"，最重要的是能发掘人本身的能量，保持日常应对任何问题的体力是非常重要的，无论你有什么工具、何种智慧，非常时刻，最重要的是要有活用这些的体力。还是现在的生活过于方便了吧，可以试着上、下大江户线，可是个不错的练习啊。

小林幸一郎：NPO法人、登山指导

通过车载电源输出电源

车里有便利的，可以解决一般电源输出的车载电源。现在信息的获得工具和发送工具非常发达，但是手机、平板电脑的弱点就是电池电量容易耗光。手机电池虽然很容易买到，但不知什么时候，店里可能就不卖了。从长远考虑，还是这个更实用。还能并放5号、7号的充电电池组，常备更方便。

菊池康一：公司职员、飞钓者

有绳子，能自救也能救别人

绳子是游艇上的必备品。在船上习惯了，喜欢在包里放几根绳子。即使是在电车中，我也喜欢玩攀绳游戏。我对"万一"时刻的建议就是1.结要打得牢2.结要打得简单3.结要易于解开。脑子里要有安全安心的原则。童子军、训练营、网页上都有专业的结绳介绍，应该会对我们有帮助吧。

肯·弗朗凯鲁：游艇员、演员

活用保鲜膜处理伤口

日本的自来水非常干净，是可以直接饮用的。只要有水，一旦受伤，就应该先用自来水清洁伤口。这样其实就够了，无需再涂药膏、缠绷带了，只要用食品保鲜膜缠好，就可以治愈。如果发生意外，需要止血时，可以用丝袜或者旧袜子将用保鲜膜缠好的手腕或者脚打上绷带。平时就应该养成这种思维习惯。另外，在实际受到地震灾害时，我感到腰包比背囊更好。安心安全，取用更为方便。

渡边久美子：外科医生

有用而复杂的放射线检测器

在欧洲旅行的时候，遭遇了切尔诺贝利核电站泄漏事故，回国后就买了放射线检测器。日本一旦什么时候发生核泄漏事故，我想政府肯定会隐瞒数据。因此，让建筑师秘密地在屋顶平台上装了面板，建了日暮真三太阳能发电所。1天1万5千步，逛遍了东京都内，不管哪里发生地震，我都有信心能够近乎

直线地回到家。原来我可是每天都会喝多，醉醺醺的，很难找到家。

日暮真三：撰稿人

骑车上班，对城市的想法多了起来

地震后，自行车就开始受到大众的青睐。骑车上班，发生灾难时，不会回不了家，对健康也有好处。希望城市的树阴增多，减少水泥的辐射热量、让城市生活更舒畅的想法高涨起来，设计思维也会变得更环保。如果电动自行车的电池可以用手机或收音机电源，那么"发生万一"时就更方便了。

羽鸟达也：建筑师、东京大学客座讲师、东京都市大学客座讲师

不带东西的简朴生活

东日本大地震后，很多朋友都在忙于收拾地震后凌乱的房屋，但是我却没受到任何损失。在剧烈的摇晃中，只有一个笔记本掉落到地板上。原因是我"收拾得很彻底"，手上没没有多余的东西，实践着"什么都不要的生活"，防止了东西的损坏。另外，只要很清楚"什么东西放在什么地方"，发生意外时，也就

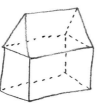

不会慌张了。为了"常防万一"，我决定继续践行我的简朴生活。

安腾美冬：沟通师

小的瑞士军刀

以防万一，我外出时经常随身携带小型多功能瑞士军刀。必要时可用来割布、切食物。刀上还附赠有牙签和小镊子。还有，可以用来自由打结和打包的木棉手缝布。剪开可以用于打绷带和做三角巾。另外，还有一个就是，在炎热的夏天和寒冷的冬天，与卫生相关的湿纸巾是不可缺少的。然后就是生

存表和手机电话辅助电池，加上 LED 灯。

竹下雅治：自由职业者、飞钓者

水和食品库

地震发生时，最不方便的就是水和排便问题。这些问题光靠个人解决起来是很有难度的。基本上大家都喜欢用小拖车载着带水龙头的塑料罐来解决水的问题。水当然是能多带点就多带点。洗碗布可不是一次性的。另外，LED 电筒要比手提灯亮很多，哪怕只是放在地上，照射在天花板上的反射光也能将

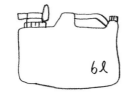

房屋照亮。最后，要根据生活习惯储存好食品。我其实也希望像欧美人那样做个食材库呢。

高桥正荣：设计师、野营爱好者

不带东西的简朴生活

把所有的行李"砰砰砰"地全部塞进家里的防灾背囊里，背起来试试看吧，怎么样？很重吧。在这种状态下，你还能两手拿着行李行走吗？即使是这样，估计你收拾的还是家里不足十分之一的行李吧？工具的诞生本来就是让人来使用的。虽然，毋庸置疑，工具很重要，使用工具还要掌握一定的技术，

但最最重要的是人的身体，人体才是最大的资本。没有健康的体魄，也就没有一切。而且，健康的身体负责也是有极限的。怎么样，现在知道该怎么做了？

中村则仁：社会沟通家

扎根当地、守护当地

本人是做榻榻米生意的，10年前就做了本地的民间消防员。因为我是在本地做生意，所以对当地居民的状况比较了解，白天我也可以出警。这次停电计划的第一天是安排在夜里，真是完全陷入一片黑暗。虽然不具备出警条件，但是我们还是鸣着警笛开着消防车巡查起来。实际上，去年，有位老人倒在我家门前，我给他做了心脏按压，才救回了他的命，为此，我还受到了表彰。因为我是民间消防员，所以接受过急救训练，能发挥作用救人一命，我非常开心。

加藤佑司：榻榻米销售商，地方义务消防员。

走到哪里都带着的笔式手电筒

本人是从事生物多样性保护工作的，经常去海外出差，而且多数是去发展中国家，并且还是去热带雨林等野外场所。[去年，总计出差到海外14次，累计天数达到了90天。]而我从不离身的就是一款 Mag Instrument 公司生产的笔式手电筒。发展中国家的偏远地区经常停电，还有的地方根本就不通电，笔式手电筒可是必备用品，有了它就方便多了。我正准备去买个体积更小、照明度更好、带电时间更长的小电筒。

日比保史：NGO国际自然物源保护委员会日本代表理事

用家用育儿袋·背带携带爱犬

我家里养了一条今年已经14岁的爱犬。想着发生"万一"的时候，我怎么带着超过20公斤的小狗"淘淘"逃生呢？我突然想到能不能用小孩子的育儿袋·背带，背着或抱着小狗跑呢？现在有可耐20公斤负重、带2到3种使用方法的育儿袋。万一的情况下，不但可以装婴儿和小狗，还能背较大的行李，非常实用。

雪鸣恭子：自由编辑

自己制作的求生工具

我在办公室工作的时候就已经有意识地过着"每天都是生存日"的生活。通过融入大自然的活动[如游泳、登山等]，锻炼自己的"五感"，让我享受着生存日生活变化带来的乐趣。带有瑞士军刀的钥匙环、Maglite 的灯和哨子、螺丝刀是每天陪我一起"演出"的忠实拍档。每次在周边转转或者去海外垂钓旅行时，我总带着这小小的求生工具。

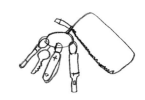

佐藤盛男：前美国大使馆情报人员、户外运动爱好者

不能全依赖物品，得多动脑子

长途旅行中，具有"随意使用性"的物品是非常重要的。比如，薄的披肩，不仅可以围在脖子上，还可以用来遮阳，用做毛巾、长袍、坐垫、蒙眼布，也可以团成一团塞在头下当枕头。超市的塑料购物袋可用来保存物品，也可做菜板，还可当保鲜膜和垃圾袋使用。夜里乘坐大巴时，可以用胶带将塑料袋贴在出风口上，这样睡觉就不会着凉了。虽说有限的行李完全无法满足旅游所需，可是我们可以开动脑筋、发挥想象，不僵化既有物品的专用功能，发挥物品的最大效用。这是件非常有趣的事，发生万一之时，用处可大着呢。

波间知良子：广告创意人、现环游世界中

用真空闷烧锅烹调环保料理

我现在家里用的就是盖子是固定形式的、密封性好的户外用锅。原来买此锅的目的就是用这个真空闷烧锅装咖喱、汤，以便在森林或高原也能吃到热乎的食物。整个锅为双层结构，保温性能好，稍稍煮一煮，然后放置几个小时，就能简单地做好料理。只需短时间加热即可的烹调方式，在热能有限的情况下，作用真是太大了。真空闷烧锅还可以做盛放食物的容器，给大家分配食物。这真空闷烧锅在我家的"出场率"可是很高的。

大法MAMI：收纳指导

既是装饰又兼备实用性的蜡烛

这次地震后，我对急救包的认识发生了变化。我很注重实用性，那么发生万一的时候也应该没有问题。我用旅行中孩子们所做的蜡烛装点起居室。这可不仅仅是装饰，同时还很实用。平时生活中，遇到短暂停电时，家里举办活动时，还有发生万一的时候都派得上用场。直接用来装饰又不用收起来，

需要使用的时候立刻就能找到。

吉川圭子：生活组织干部

利用垃圾袋和晾衣夹

让我们来重新审视一下日常用的晾衣夹及垃圾袋的作用吧。垃圾袋可用做紧急厕所 [便袋]、紧急雨具、紧急雨棚、紧急坐垫、急救绳、紧急凉拖、临时帽子，用于紧急止血、紧急防寒等，还可将家人、孩子、恋人一起包裹起来，让我们顿生安心。垃圾袋可随着我们的想象，用途百变。配合可变身为卡子、

连接工具、挂钩、聚水秤砣的晾衣夹来使用，用途会更加广泛。这些都不需特意去购买，而且又不占体积，塞到包底就可以了。如果日常就能多考虑它们的用途，会非常有用，是"常防万一"的好工具。

真田岳彦：服装造型师、女子美术大学本科及研究院特任教授

对应急处置有益处的东西

因为工作关系，我平时都带着听诊器、血压计、氢氧量测量仪、呼吸机等。这些东西谁都可以使用，即使停电了，也能挽救人的生命。以前，就曾救过和我同航班的飞机上一位呼吸困难的女士。通过急救处置，让她稳定了下来。虽然飞机上备有设备，可是却无人会使用。能救人真是太好了。

浅川孝司：理学理疗师

多用途的手缝布

手缝布不仅是日本的传统布，还具有重要的功能性。它薄而轻、易干又结实。总之，感觉它的纺织方法是有理由、有根据的。在日常生活中，它可用来做手帕、便当包袱皮，宿营的时候可用作浴巾，3条手缝布就能代替很多物品，可以压缩行李。发生灾害时，手缝布可以用作临时绷带、防寒服、裹在

头上保护头部的方巾，用途多样。随着我们的想象，手缝布能百变其用，非常了不起。

滨地典：建筑师

干电池没电了怎么办？

发生意外时，有时停电了，需要平时不怎么使用的1号或3号电池。但是，家里没有这种电池，而且在非常时期，即使外面有也可能卖光了。如果无论如何都需要1号或3号电池时，我们可以通过对5号电池卷纸的方式，制作出需要的电池来。需要3号电池时，只需卷上合适尺寸的纸就可以了。如果需要1

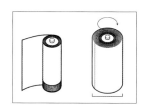

号电池，那么就需要在电池底部的金属头和铝箔上加几枚硬币，将高度补出来，就可以制作出漂亮的1号电池来使用了。

太刀川英辅：NOSIGNER代表 [设计师·创意人·总监]

有自行车就可以自由行动

这20年里，不管去世界哪个地方，自行车总出现在我的生活中。在东京，工作也好，私人活动也好，我的移动工具基本都是选择自行车。为此，我在车上配备了防雨装置并做了很多的"准备"。为了在骑车后能换上西装，事先会对体育馆浴室的使用进行确认。在城市里移动，自行车是最快速的交通工具。骑车

不仅是项愉快的运动，更为重要的是它的自由性。在我们家，妻子和13岁的女儿都是自行车派啊。3.11大地震时，我们骑着车，轻松地穿越堵塞、拥挤的道路，家里所有成员都安然无恙地回到了家。

阿萨·巴斯滕：企业经营顾问

随时都会发生"万一"

随时都会发生"万一",是我的职业带给我的敏感。"万一"指的不仅仅是地震和海啸,火灾等事故每天都在发生。住在城市里的人,没有哪一天听不到救护车的声音。随时都有可能轮到自己。举个例子,比如选择店铺时,看到建筑物不设有开放性的楼梯,就应该习惯性地想到,如果某层起火该怎么

逃生。要有这样的危机感,养成了这种习惯,那么一切就都不可怕了。

竹中邦明:神户市消防员

要有"管理意识"

为了能活用以防万一时准备的便利物品,平时,我们就要留心,对物品进行"定位管理"和"库存管理"。这种意识在非常时刻能发挥很大的作用。非常时刻应急包,位置当然要固定,但是不对里面的内容进行期限或状态管理是不行的。对生活进行自我管理,我推荐建立"个人备忘录[My Note]",把将要

做的事情[TO DO]清单,"意外时家人规则"、"私人信息"等记入其中。

菅原MAKA子:整理、收纳指导师

防灾、省能源4招

①代替燃气、电气的烹饪方法:将做天妇罗剩下的废油收集装入瓶中保存,当作燃料使用。将用过的方便筷当柴火使用。
②停电时的发电方法:使用蔬菜电池组,自家发电。
③停电时的照明方法:用油炸油等废食用油做原料,制作沙拉油灯或手工蜡烛。
④其他的节省电力的方法:将

未使用电器的插头拔下,减少待机耗电。夏天穿凉快点,不使用空调或保冷剂灯,以节约用电。

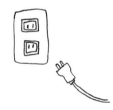

菊池贞雄:北海道生态研究株式会社代表

可信赖的家伙:食用保鲜膜

保鲜膜在衣食住所有方面都发挥着较大的作用。在内衣上裹上几圈保鲜膜,就可防寒。在外衣上裹保鲜膜可防风、防雨。除了食物保鲜作用外,在纸餐具上裹上保鲜膜,就能盛汤汁;在一般餐具上铺上保鲜膜,餐具就可免洗;在破裂的玻璃上贴上保鲜膜,可以防止间隙漏风。它甚至还能在医疗上,用

于止血或包扎伤口。说句玩笑话,它还能用做防止皮肤干燥的保护膜呢。

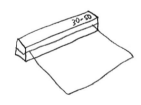

岩江真纪:教育顾问

盒装工具,让你更轻便

去海外摄影时,我都是尽量减少行李。总是在不断地按快门,所以我一定要轻便出门。可是摄影材料是不能不带的,所以只能尽量地减少其他行李了。偶尔看到了盒装工具。虽然瑞士的多功能刀大家都已熟知,可这个工具盒确实是很不错的,盒身尺寸为11*3.5*2.5cm,内带剪刀、订书机、透明胶带、卷尺、

放大镜等8种工具。还配有迷你螺丝刀,遇到一些小问题时还能修理。

牟田敬之:摄影师

生活上有意识地利用IT来避开停电

节电也是有技巧的。虽然关上空调是减少停电的有效方法之一。可是,更有意识是有好处的。我下载了"停电检索"这一应用程序,在用电高峰时段或电力需求值大的时候去散步,不开空调。"停电检索"应用程序上链接有facebook、twitter等,大家可以互相协助、互相激励。

西山造平:ELEPHANT设计株式会社董事会长

防灾调查报告

在共计 2554 名调查回复者中，有半数以上的人平时就有防震意识，
在防止家具翻倒方面采取了措施并备有在非常时刻使用的备用包。
但是，在经历过此次大地震后，大多数人感到准备的东西发挥不了作用或者说准备的东西不够充分。
另外，在日常生活中时刻保持发生万一时发挥作用的"常防万一"的思想倍受大家赞扬。

"防灾调查"于 2011 年 6 月开展，有 2554 人参加了调查。

◉ 男女比

女性 **74%**　　男性 **26%**

◉ 年龄

20多岁 **8%**　　30多岁 **42%**　　40多岁 **33%**　　50多岁 **13%**　　其他 **4%**

平时防震意识如何？

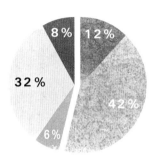

- ■ 意识较强
- ■ 有点意识
- ■ 根本就没有意识
- ■ 以前也意识到了，时间一长，就淡忘了
- ■ 基本没什么意识

在各个年代，选择"有较强防震意识·有点防震意识"的人的构成比

20多岁	5%	36%
30多岁	11%	39%
40多岁	12%	47%
50多岁	17%	48%
60多岁	20%	37%

50 多岁人群的防震意识最高，并呈现出越年轻防震意识越淡薄的趋势。根据自由回答的结果可以发现，很多人有防灾准备的原因主要为经历过地震、有想要守护的东西、参加过防灾演练等。并与各人的人生经历、知识积累和防震意识的强弱有很大联系。

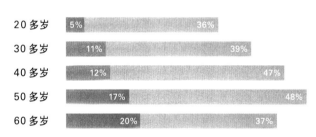

有孩子了。
为了保护这个孩子，
我要做好最低限度的准备。
30 多岁女性

公司每年 9 月都会举办防灾演习，
每当那个时候，
我就感到了"准备"的必要性。
30 多岁女性

我经历过阪神大地震。
但是，随着岁月的流逝，
防灾意识也就越来越淡薄了。
老公家在静冈市内，
我看到婆婆在平时就对地震、
台风等非常时刻做好了认真的准备，
我觉得我自己为了守护家人，
也应该做好能做的准备。
40 多岁女性

平时都做了哪些应急准备或准备了哪些应急物品？

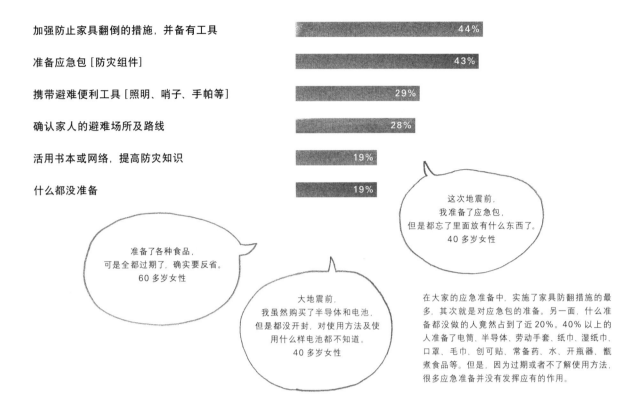

加强防止家具翻倒的措施，并备有工具 ... 44%

准备应急包［防灾组件］ ... 43%

携带避难便利工具［照明、哨子、手帕等］ ... 29%

确认家人的避难场所及路线 ... 28%

活用书本或网络，提高防灾知识 ... 19%

什么都没准备 ... 19%

> 这次地震前，
> 我准备了应急包，
> 但是都忘了里面放有什么东西了。
> 40 多岁女性

> 准备了各种食品，
> 可是全都过期了，确实要反省。
> 60 多岁女性

> 大地震前，
> 我虽然购买了半导体和电池，
> 但是都没开封，对使用方法及使
> 用什么样电池都不知道。
> 40 多岁女性

在大家的应急准备中，实施了家具防翻措施的最多，其次就是对应急包的准备。另一面，什么准备都没做的人竟然占到了近20%。40%以上的人准备了电筒、半导体、劳动手套、纸巾、湿纸巾、口罩、毛巾、创可贴、常备药、水、开瓶器、甄煮食品等。但是，因为过期或者不了解使用方法，很多应急准备并没有发挥应有的作用。

东日本大地震后，对什么东西更加关心了？

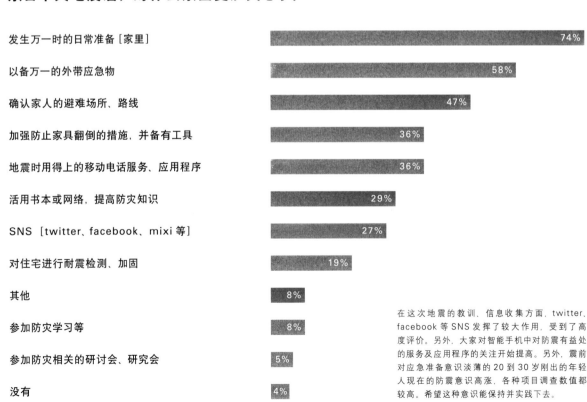

发生万一时的日常准备［家里］ ... 74%

以备万一的外带应急物 ... 58%

确认家人的避难场所、路线 ... 47%

加强防止家具翻倒的措施，并备有工具 ... 36%

地震时用得上的移动电话服务、应用程序 ... 36%

活用书本或网络，提高防灾知识 ... 29%

SNS［twitter、facebook、mixi 等］ ... 27%

对住宅进行耐震检测、加固 ... 19%

其他 ... 8%

参加防灾学习等 ... 8%

参加防灾相关的研讨会、研究会 ... 5%

没有 ... 4%

在这次地震的教训、信息收集方面，twitter、facebook 等 SNS 发挥了较大作用，受到了高度评价。另外，大家对智能手机中对防震有益处的服务及应用程序的关注开始提高。另外，震前对应急准备意识淡薄的20到30岁刚出的年轻人现在的防震意识高涨，各种项目调查数值都较高。希望这种意识能保持并实践下去。

大家是如何看待"常防万一"思想的？

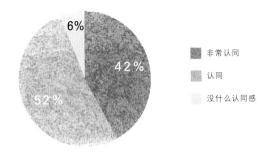

- 非常认同
- 认同
- 没什么认同感

6%
42%
52%

94% 的被访者认同"常防万一"思想。

通过使用，对中庸的防灾用品，我还是不太满意，该种用品实际使用起来不方便，也没有考虑到即时使用性。如果使用的东西是平常使用过哪怕一次或者经常使用的东西，那么即使是在紧急时刻那种惊慌的状态下，也可以沉稳地使用。
[30 多岁 女性]

去上班时带的东西，旅行时也一定需要，我非常赞同。
（50 多岁 女性）

组合使用的构想实际是通过现象，看到了本质。严格遵守"用后还原"的习惯是非常重要的，在家人动过后，进行收拾确认也是有它的好处的。
[40 多岁 女性]

平时我携带套装应急工具和能放入口袋的小电筒，也经常使用它们。虽然这些准备小到只占据了我皮包的一小角落，但是却带给我很多处置初期突发事件[肚子疼、治疗早期感冒、房间停电]的经验。因此，我们应该养成将防灾装备内、我们经常能使用到的东西随身携带的习惯，这是我的真诚建议。
[60 多岁 男性]

去年夏天的骏河湾地震，让我感受到携带应急背囊的好处。不过首先要了解里面应该放些哪些物品，哪些是我绝对必需的，另外，我也强烈地感受到检查和补充的重要性。平时不怎么留心，等到注意时就已经过期了，给孩子准备的替换衣服也小了⋯⋯结果什么作用也没起。
[50 多岁 女性]

这次，作为志愿者，通过实际去东北灾区，我对常防万一有了认同。在水和电都不通的灾区，户外活动的准备装备非常有用。
[30 多岁 男性]

户外活动爱好者对意外时的应急能力比较强。另外，经常旅游的人，都会做好最低限度的意外准备。我很感谢防灾 + 方案，以及上面所提供的确认清单。
[30 多岁 女性]

在实际生活中体验旅行或者非常时刻的通用基本装备，与其分开来打包保管，不如准备好共用的装备，这样更加有效。洁面用品等时间一长就没法使用了，所以我认为对装备进行定期检查也非常重要。
[30 多岁 女性]

还有，大家对"通过使用，精化成适合自己"的观点，"食品的更新储备法[平时边消耗储备食品并补充新的食品的储备方法]"等赞不绝口。

no.06

交心

送礼不只是送"东西",更是送"心意",
那么如何才能将自己的"心意"送出去呢?
在采访了许多人之后,我们开始思考,何为送礼?
送礼会给收礼的人带去幸福感吧。
对于如何将心意转变成实物,我们展开了讨论。

交心

礼物就是"赠物"的意思，而且还有"表现"的动词含义。

爱情，感谢，交流，祝贺，喜悦，祈祷等，

表达不同的心意而赠送不同性质的礼物，并将这一份"心意"传递给对方。

如果能将相应的心意亲手传递给对方，那是多么美好的事情啊。

赠送美言，赠送微笑，赠送梦想，赠送时间，

这里思考的是一种超越物质框架的心意传递。

赠物据说起源于供奉给神明的贡品。日本自古以来就通过各种季节活动及节日供奉神明，大家一起共食向神明供奉的贡品，认为这样可以同神明紧密地联系在一起。这种"神人共食"扩展到包含人和人的共食，使人与人之间形成了交流食物的馈赠习惯。赠物就是"共享"的理论也由此产生。随着时代的推进，供奉神明的意识渐渐淡薄，赠物的交流却成为主流。由自己决定选择何种物品赠送给他人，当着对方的面交给对方，就会明白，"赠送"这种行为需要很多的时间和精力，并且，在"小小心意，不成敬意"这种客套话的背后，日本人对赠物的包装及修饰等也非常用心，这是从日本式的美感意识中升华提炼出来的。包裹、包装纸、包装绳或木材及竹子等材料制作的箱子等，这些兼备实用和美感之物是对收礼之人的心意的具象表现。为了传递心意，任何年代的人们都会费很多心思。

在追求人与人关系更加紧密的当今社会，或许正好是重新反思"赠物"的真实含义的时机。

赠送"居住空间"

或许孩子的出生是神明们的礼物。这种喜悦可以超越区域的界限实现共享，
所以基于为孩子们创造"居住空间"的思想，
有些城市会为出生的孩子们赠送椅子。
刻有姓名、出生年月及身份编号的椅子，每把都是世上唯一的。
小小的椅子伴随着孩子们的日常生活，
也记录着每个家庭的故事，成为装满回忆的记忆装置。

感谢孩子们的降临，这里有你们的家。

"你的椅子"计划始于距今 7 年前左右，是由北海道的旭川大学研究院的研究科室内的小讨论引发的。

该研究科室的负责人、负责地区政策的专家矶田宪一教授对学生们这样说到："在一些城市里，有新的生命诞生时，人们会点燃一发烟花，庆祝孩子的降生。白天点燃烟花，教室里学习的孩子们就会兴奋地拍手。"

延续这种燃放烟花庆生的是人口仅有 3300 人的小城"爱别市"。白天发出的声音也是告诉人们新生命诞生的信号。一发烟花中饱含的温情绝不亚于在城市的夜空闪亮的千发绚丽多彩的烟花。在现代社会中，既有这种温馨的地域交流，同时，有关虐童事件的新闻也不绝于耳，找寻不到自己家的孩子渐渐增多。"在这里有你们的家"，

饱含这种心情的地区性温情关怀着孩子们的成长。基于这种想法，"你的椅子"计划开始启动。

"你的椅子"，对这个理念产生共鸣的前沿设计者充满激情地描绘出设计图，再凭借支撑旭川家具品牌信誉的工匠们的优秀技艺制造出来。尽管这个设计每年都有变化，但不变的是椅座背面始终印着孩子的姓名、出生年月、标志及出生编号。椅子选用北海道的天然材料，取材于孩子们出生的北海道森林中培育的树木，是充溢着故乡的记忆及空气的独一无二的椅子。受赠过这种椅子的每个孩子心中必将永怀故乡的温情。

最先赞同这项计划，以"你的椅子"庆贺新居民诞生的是东川市。矶田教授回首往事，曾对东川市长和 2006

东川市开始这项计划之后，2007 年又有剑渊市加入，2010 年爱别市也加入其中，现在实施这个计划的已达到三座城市。而且，这些椅子的制作数量也就代表着这些地区新出生的孩子数量。

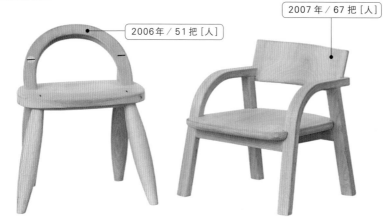

2006 年 / 51 把［人］

2007 年 / 67 把［人］

2008 年 / 73 把［人］

※ 方框内的数字仅代表参加的自治体。

年最初负责这个计划设计工作的建筑家中村好文这样说到："东川市能够率先赞成实行这项计划，我非常开心。也多亏能够遇到你们。"临近旭川市的东川市是一座生育率渐渐上升，且定居者渐渐增多的小城。这里的照片"甲子园之城"也非常出名。更令人惊讶的是，2006年新生儿为51人，2010年为69人，呈现自然增长。"明年制作什么款式的椅子呢？"这样的话题或许会冲击少子化的防护堤。之后，绘本之城——剑渊市于2007年加入，烟花之城——爱别城于2010年也加入了该计划，自此，参加此项计划的自治体达到3个。这些地区所有新生的孩子都会获赠当年的"你的椅子"。

2009开始，还启动了超越地区框架的个人即可参加的"你的椅子俱乐部"。自2006年整个计划开展以来，共有516个孩子获赠"你的椅子"。在东川市，市长会亲自将椅子送往刚出生的小孩家里。所以，不同的地区也为这个计划做出了各自不同的努力。矶田教授也会为了向参加"俱乐部"的家庭赠送椅子，多次往返于各地。即使这样，矶田教授仍欣慰地说到："虽然计划的经费已经产生赤字，但是考虑到参加的家庭及制作者的心情，尽可能不采用快递的形式，而是由专人亲自赠送。所以，每次赠送时都会受到受赠家庭及周边邻居的热烈欢迎。"小小的心意传递给在场的这么多人，仿佛听到"能让我参加真是非常感谢"的声音。

如今，或许孩子们尚不明白这个椅子的意义。但是，今后将伴随孩子们成长的椅子不仅发挥着椅子的基本作用，还是永存的"记忆装置"。就像以前家里给孩子刻量身高的"柱印"。

2009年／67把［人］

2010年／100把［人］

2010年／　把［人］

第1次制作"你的椅子"的是在东川町经营木工坊的木工大门严先生。在2009年第4次制作时，他同儿子和真父子同"上阵"，共同制作座椅。之前做着其他工作的和真，师从父亲门下已经有5年。据说，一个新项目的成功需要三种人，"傻人"、"年轻人"和"无关的人"。这次的造型设计师小泉对和真担任下次的造型师可是充满期待。并且，这些椅子中的一把要送给和真先生的儿子宗真。当时还住在旭川市、在木工坊工作的和真，也想着"作为东川町的市民，我也好想要一把这样的椅子啊"，于是，他真的就在孩子出生前搬到了东川町来住。拜访和真先生家时，他两岁的儿子宗真正坐在椅子上玩游戏呢。和真告诉我们："他认为椅子所在的地方都是他的地盘呢。"包含众人心意的"你的椅子"，变成了"我的椅子"。

把自己的椅子给搬过来，就意味着他"肚子饿了"。这个椅子可是宗真每天生活中不可或缺的。 右边图片为椅座背面的记号。

矶田宪一

财团法人北海道文化财产团理事长

生于旭川市。原北海道副市长。坚持以北海道人的视角，通过各种方法来发挥地域能力。2006年起，他作为旭川大学研究院教授和学生们一起开展"你的椅子"活动。

大门严先生与和真先生

木工

父亲严先生成立了"手艺工坊"，和儿子一起开展制作工作。在1973年德国慕尼黑举办的国际技能奥林匹克大会上，他获得了第三名。还有其他获奖奖项，不胜枚举。

即刻就能用得上，并能一直使用的椅子。

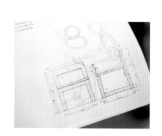

2009年和大门父子一起制作"你的椅子"的小泉诚先生，虽然家里宝宝现在还小，不会坐，等会坐椅子，还要一段时间。可是为了让椅子现在就能派上用场，他说："我在椅子设计上考虑了很多，希望设计出即刻用得上的椅子。"

首先为了母亲哺乳方便，应该设计脚蹬，以后也可以成为孩子们画画的小桌子和小椅子。孩子稍大后，还可以当作梯凳。再大了，可以当作玄关脱鞋的椅子使用。小泉先生考虑了很多。

这个椅子的特征之一就是它不是一件成品。需要父母、爷爷、奶奶等家人在表面进行刷油处理。小泉先生说："自己动手，自己费心。包含着很多的人心血，最后，通过我们自己的双手，它才真正变成一把无法取代的椅子。"这把椅子凝结着孩子和家人的回忆，所以，它一定会一直陪伴着使用人。

小泉诚 家具设计师

从筷架到建筑，相关的东西，他亲手设计所有和生活相关的东西。忙碌奔波于全国的手工制作者。

援助

3.11 大地震后，到处一片狼藉，灾区重建并没有如想象的那样顺利。
但在此过程中，很多人和灾区人民心手相连，发起了各种援助活动。
为了让海啸引起盐害的耕地"复活"，一场"复兴圆白菜"活动兴起了。
这场活动只是冰山一角。这项通过农业活动让耕地和人恢复元气的计划，
也可以说成是"社会援助"。

动作笨拙，却认真植苗的活动参与者。右手边是广阔的，
高及人背的杂草地。

圆白菜让土地和人有了生气

海啸毁了秧苗和农作物，田地中到处是瓦砾。土壤被刬掉了，沙子盖在上面，已经变成海水浴场的沙田了。3.11 后的狼藉，正威胁着日本的农业，还不仅仅是这些表面的东西。海水抽走后，盐分残留在土壤中，无法耕种的农地进一步扩大。很多农民放弃了耕作，震前美丽的田园现在一片荒芜，及背的杂草郁郁葱葱。NPO 法人工

商农联合援助中心策划了"复兴圆白菜"活动。开展了一系列降低田地盐分浓度、都市志愿者交流、种植农作物、养护农作物、销售农产品的活动。通过普通的农事，援助农家和农地自立。

为了不把双叶部分栽到土里，志愿者正挖好合适的洞，认真栽着菜苗呢。

复兴圆白菜，第一步从"盐西红柿"开始。

提到复兴圆白菜计划，必须要先说一下盐西红柿。这一事件在大约 10 年前发生于熊本市。当时，在被海水浸泡过的菜地上种植的西红柿，其果实个小、味浓，非常受欢迎，成为了知名产品。由此可见，西红柿是比较耐盐的作物。

工商农联合援助中心的代表大洋先生关注到这件事情。他想：如果顺利的话，被海水浸泡过的菜地上说不定能收获西红柿呢。

小而红的西红柿，成为带给灾区灼灼生命的试验品。这次海啸带来的盐分浓度很高。要让西红柿存活下来，必须先降低盐度。为了降低盐度，他们使用了京都创新企业开发的一种特殊的可以改良土壤的细菌。在很多人的努力下，终于达到了可以种植的水平。6 月 4 日，集中了近 50 名志愿者，在宫城县岩沼市栽植了 600 株西红柿苗。之后，所有的西红柿苗都长势良好，结出累累硕果。随后于 8 月 20 日举办了采摘团活动，21 日又在东京地铁京桥站的大根河岸进行了贩卖。通过糖度计测量，发现这批西红柿的糖度竟然超过了 9，太令人开心了。因为普通的西红柿糖度只有 5，这种盐西红柿被公认为高价值的商品。

还是秧苗阶段的圆白菜的叶子是直的。种到土里后，再长大点后，才会卷球。

在岩沼市周边种植并且收获的盐西红柿是灾后第一茬农作物。参加本次活动的志愿者总人数达到 95 人。有"虽然我没办法去干清除瓦砾的事，但是栽苗的话，我可以"的老人和"拜托母亲，全家都来"的 4 岁小男孩等。此次活动分担了灾区人民的痛苦，传达了尽自己所能为灾区做点什么的心情。这些西红柿寄托了大家振兴灾区的愿望，所以大洋先生将它命名为"复兴西红柿"。

用细菌降解了盐分的土壤和成熟的漂亮西红柿。不仅色泽好看，味道也浓厚。

感谢的反响

西红柿的采摘一结束，随之而来的第二波就是"复兴圆白菜"活动的启动。种植的菜地是位于宫城县仙台市四郎丸地区的蔬菜农家伊深胜家的菜地。这里位于名取川的上游，海水被抽走后，由于盐分残留导致无法耕种的土地面积增大了。伊深先生家也因此丧失了 2/3 的农地。

伊深先生说："听到复兴圆白菜的话题时，说真的，我半信半疑。"被海水浸泡过的菜地当真能栽种圆白菜吗？假如种植出来，后来又被检测出含放射性物质而无法出售，又或者虽然没检测出放射性物质，但大家误信传言不敢买怎么办？到时留下的就只有圆白菜的秧苗费用欠款了。虽然有这些担心，但是伊深先生知道这个时候必须做点什么。自己先尝试了，周围的人看到实际情况，才有可能动起来。所以伊深先生把赌注压在了圆白菜上。

地震半年后的 9 月 11 日，栽种团成行了。东京、神奈川、爱知等各地共有 23 名志愿者来到了伊深先生的菜地。当然，大家基本都没有农活经验，也基本没见过圆白菜苗。菜地之前已经撒了降解盐度的细菌了，漂亮的垄也被垄起来了。伊深先生感念"大家特意从那么远的地方赶过来"，所以事先将这些都做好了。只看伊深家的菜地，可以看出是经常修整的，但是周边却是杂草丛生的荒地。"这一片原来有 70 公顷，海啸来之前是非常美丽的菜园……"伊深先生说到这里就哽咽了。

这次一共准备了 3000 株圆白菜苗。在垄上用手挖出洞，一株一株地认认真真地栽。"要非常轻柔"、"从上面压土时，压得过紧了，根部就无法呼吸"、"和秧苗说说话"，伊深先生指导大家各种要点。一开始大家都没信心，姿态笨拙，慢慢习惯后速度也提了上来。大约用了 2 个小时，就完成了所有秧苗的栽种，大家都感到很有成就感。之后的感想会上，"感谢能给我们创造出这样一个机会"、

"能参加真是太好了"、"我从灾区的人们身上获取了力量"等感谢的话语充满了会场。伊深先生也说到："想到已逝的人，我就没怨气了。大家的帮忙，又唤起了我的斗志，我不会认输……""如果住的不远，以后请来菜地看看，体验圆白菜带来的乐趣……"这种直爽的话，一听就知道是东北人的温和与强势。本来大家是来援助的，却反而受到了鼓励。大多的参与者通过这次活动都感受到获得了更多的勇气。

每月一次，在东京市中举办的"千代田晴空市"，将生产者和城市的消费者联系在一起。这里成为全国各地生产者的交流会场，还是缘于这次对灾区的援助活动。

大洋一郎
NPO 法人"工商农联合援助中心"代表理事

前经济产业省大臣官房审议官。通过加强对农林水产业、加工、流通领域的联系，创造出充满魅力的产品和服务，开展发挥地域活力的运动。

工商农联合援助中心
www.npo-noshokorenkei.jp/

赠送爱心的时候

100支玫瑰花，有时还比不上一朵野花代表的爱心。
赠送礼品中闪闪发光的是赠予者和受予者之间心意的相通，融合为一。
从这个意义上来说，也许就需要我们了解受赠方的心意。
这里，通过给大家介绍调查表上的回复，让我们一同来探讨赠送的各种形式。

chapter 01 | 信件

就像"赠答诗"一词那样，古代的日本人**做诗赠送**，诗就是赠送品。

最初只是出声称颂，随着时代的进步，可以书写在纸上，形成信件的形式。在太平盛世的贵族卷里，不仅仅是诗的内容，优美的文字、所焚的香料、添加的花束，全部都是对对方"思恋"的表现手段。信件是赠物的原点，尤其在物质丰富的现代，我们更需要试着重新审视"语言"这种淳朴的赠物。

广播作家永六辅先生，他的夫人去世至今已经有十年了，但是，即使他工作出游，也一直坚持从旅游目的地给夫人寄送明信片。结婚纪念日、双方的生日，互寄信件的夫妇也有。**幼小的孩子认真书写**的信件，不仅表达的是"感谢之情"，对家长来说更是任何东西都无法取代的珍宝。无法手写的时候，发邮件也算得上是个好办法。有人这么说："每年的结婚纪念日我都会收到从姑姑处寄来的'今年也要继续相好'的邮件"，想到这些就觉得非常开心。"

信件是赠送爱心的方法之一。

孩提时，送给父母的信件、礼物上随附的贺卡以及算不上信件的留言等，都过了30年，我妈妈还全部保留着。这不仅让我感受到母爱的深刻，同时，也是父母深爱我的证明，让我充满感激和幸福。
[女性／30多岁]

第一次生完孩子回到家中，老公在桌子上画了宝宝的画像，并加上了"留美，你辛苦了。"这样一句话。老公的这种喜悦也感染了我。
[女性／50多岁]

在我的生日和新年之际，我的祖父母都会给我寄来包裹和随附信件。平时他们总是那么爽朗，说话还夹杂着方言，可是信中行文却是那么典雅。让我感到了自己的重要性，每回收到，我都非常高兴。
[女性／20多岁]

| # 父母给孩子 孩子给父母

亲子之间的赠物，没有功利的互换性。将母亲节、父亲节时，幼小的孩子亲手递过来的画像、信件等非常珍视地保存起来的人有很多吧。收到礼物的那一刻，毋庸置疑是开心的，日后再翻看，又让我们想起了孩子的成长过程，会让我们不禁感叹连连。不只是信件和礼物，孩子运动会上、文娱会上认真努力的样子、生日时的歌声，说白了，**孩子每天的灿烂笑容**，也许就是父母收到的最好礼物。

至于父母给孩子的礼物，大多数人记忆最深刻的多是"话语"。很多时候，当时并不能理解父母说的话，多少年后，才能理解和体会到其中的**深意**和**父母的心意**。离开父母，开始单独生活时，假如原本和父母关系比较僵硬，收到父母的信件也会缓和许多。小小的"距离感"，或许会带来亲子关系的和谐。

还有些礼物非常珍贵，是**传给孩子继承的**。"当90岁的母亲拿出客人来才用、平时都小心收起来的陶制大盆，对我说'谢谢了，现在轮到你使用了'时，我既震惊又感动。"

父母给孩子，孩子给父母。赠物是传递给所爱之人的东西。亲子间的礼物，才真正可以说是回到了礼物的原点。

还在癌症治疗中、已经被主治医生宣告时日无多的父亲，不顾身体的虚弱，坐着出租车，偷偷地去给我们家人买了礼物。给母亲、我和弟弟买了礼物，他是想当作遗物吧。父亲给我买的是块腕表。两个月后，父亲走了。这个腕表，我很珍视，现在还每天都戴着。
[女性／30多岁]

我生日的时候总想要衣服和玩具之类的礼物，但是母亲却总给我做赤豆糯米饭。现在母亲辞世了，虽然还有朋友会送给我礼物，可是再没人为我做赤豆糯米饭了。非常怀念母亲做的赤豆糯米饭。
[女性／30多岁]

我用上班的第一份薪水给父亲买了一副含有父亲姓名字母的袖扣。几年后，在我的婚礼仪式上，当父亲在来宾面前说到"我戴着女儿买的、这辈子最喜欢的生日礼物来参加我女儿的结婚典礼，感到非常幸福"时，我非常开心。
[女性／30多岁]

双胞胎孩子在他们10岁左右的那年父亲节当天，送给我"锤肩券"。分10分钟和20分钟券，我记得只用了一张，因为没有期限限制，现在还躺在我的珍宝箱中呢。
[男性／60多岁]

"留在心底的礼物"调查结果请参看：
www.muji.net/ving/lab/ving/gift-report-111130.html

chapter 03 │ 包装

赠送礼物时，最初看在眼里的就是"包装"。以前，中元节和年末时，老店里就会集中摆放着各种包装纸。一方面，有些人认为任何高级的品牌都不能只用店里的包装拿着送人，需在包装上写几句话或贴上装饰以表现出**创意的包装效果**。

从"包装"行为中就能看出日本人的美感，细腻的性格素养就是这样培养成的。用包裹整齐地装饰后，不仅拿取方便，而且会**使对方更加珍惜**。另外，固定各种包装纸用的花纸绳是由细小的纸条通过水浆糊捻成的，纤细的质感表现出的美令人感叹。此外，包装纸及花纸绳也可根据使用目的搭配出各种美观且实用的装饰效果。不管是单一的现代包装，还是精美的传统包裹，都同样表达了**赠送者的心意**。根据用途挑选适合的包装也是送礼的乐趣之一。

祝贺新生命的降临，好姐妹送来了婴儿服。而且分成不同的季节及尺寸，上面写着"适合明年春天穿着！"等信息。手工制作的包装令我感到温馨。
[女性／30岁]

小学一年级过生日时，从学校回到家里看到商店里精美的包装纸包装的盒子。兴奋地打开看，是自己最想要的娃娃！这是爷爷的朋友送给我的惊喜——生日礼物，更使我感到温馨的是包装纸似乎熨烫过，给我留下了永远难忘的记忆。
[女性／50岁]

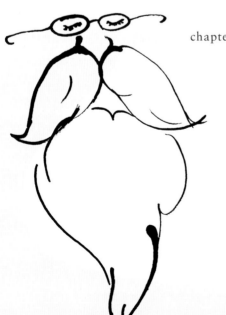

chapter 04 │ 圣诞老人

早早准备好各种礼物放入雪橇里，在圣诞夜趁孩子们熟睡的时候悄悄地将礼物送来。为了赠送圣诞礼物，父母们可是花了不少心思。无论如何都是为了呵护孩子们的"**圣诞梦**"。即便如此，孩子们仍然会明白"真实的圣诞"。不过，圣诞老人真的不存在吗？

每到圣诞节的时候，广泛传播于世界各地的故事。回复8岁女孩关于"Is there a Santa Claus"的提问的文章刊登于纽约太阳报。

chapter 05 ｜ 惊喜

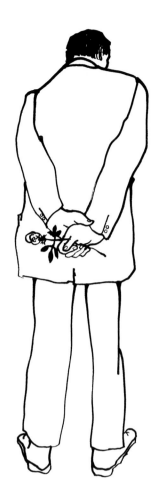

准备礼物的同时想象着对方的惊喜表情，带着一种兴奋又**紧张**的感觉。让收礼物的人高兴，同时又能使送礼物的人感到高兴的礼物被精心准备并保密至送给对方的当天，**准备阶段**的喜悦也值得回味。

曾经听到过这样一件事情。在生日当天，据说女主人的老公在外出差，于是她就邀请朋友一起旅行。到达旅行目的地时，本想在小屋子里休憩一下，突然灯光熄灭，一阵生日快乐的悦耳声音传来。一看，一群朋友中间还有自己的老公。当时真是感动得泪流不止。

从此种场景下的礼物中，我们能够看到对方纯粹的发自内心的惊喜表情，实现了赠送礼物最基本的初衷。准备用惊喜的方式为她庆祝生日的人们在这样的氛围中同她一起分享**惊喜**，沉浸在幸福的氛围中。

在对方没有发觉的情况下精心准备，也是交心的形态之一。隐瞒着本人的准备中，大家在确定责任后一起配合，迎接当天的到来，大家都在沉静中慢慢推进。为了使人喜悦而耗费的**时间及精力本身**或许已经成为礼物。礼物之中，蕴藏着使赠送人和受赠人双方都能感觉到幸福的能量。

退休的时候，在职工食堂举行送别会，许多部下及朋友们相聚在一起，欢送我。
[男性／60岁以上]

大学时期，曾经骑着电动车去打工。收工后骑上电动车，发现前篮上插着一朵花，还有一张小卡片上写着"辛苦了"和他的名字。萍水相逢的人，而且也不是特别的日子，真的让我十分感动。
[女性／40岁]

圣诞老人是否真实存在？带着这样的疑问向报社发出信函。"孩子中有的不相信有圣诞老人，请将事实告诉大家。圣诞老人是否存在？"

以"yes, virainia, there is a santa claus.[是的，圣诞老人确实存在]"的章节为中心，发表了"**最真实的事物看不见**"的社论。并且，仅相信可见的事物是可悲的，相信看不见的事物的真实性及永恒性却是无比令人兴奋的。这句话中也都包含了礼物中对人的启示。

小时候的圣诞节。弟弟和我都相信有圣诞老人，所有父母就旁敲侧击地问出我们想要的礼物。当天，大家一起欢乐聚餐，圣诞树则摆放于其他房间，在我们开始打牌或玩游戏的时候，会有人悄悄地将礼物放到圣诞树旁。还有看起来不太像父母笔迹的信件，一直到小学五年级我们都深信不疑。现在回想起来，父母为我们所花的心思就是最值得我骄傲的礼物。
[女性／40岁]

聚集的礼物

以"共享"为礼物的原点，那么礼物就不仅限于实体形态的物品。
相同的环境中，一同度过的时间也是一种分享。
为此，我们将对"收集"行为中所表现出来的礼物特性进行思考。

收集，分享一同度过的喜悦。

现在被大多数人接受的圣诞节其实在基督教出现之前就能找到起源。

在古罗马及凯尔特人的习俗中，从 12 月中旬到 25 日，也就是在夜晚渐长的时节里，人们会举行祈求太阳复活的独特冬至节。人们为了驱走严寒而大吃大喝，互相赠送礼物，还用代表丰收的常绿树进行装饰，还有选择松树及槲寄生等冬季常绿植物的小枝叶制作成花束赠送他人的习惯。人们在欧洲各地都会发现这种习惯。冬季也保持常绿的植物代表着生命，除了具有辟邪及药用作用外，还能作为祝福健康的礼物。

冬至节礼物的由来是供奉祖先的供品，而且也是对来年丰收的祈求。在严寒的季节里祈盼阳光，追悼死者，感谢自然，或者加深人与人之间的关系。可以说是包含着礼物的基本用意的设想。

不同的季节有着不同的祈盼，比如日本的"盂兰盆"节也与季节相关。

对冬季还能有果实成熟的常绿植物的尊崇之心和日本在新年的时候装饰朱砂根、南天竹是一样的。日本和欧洲相隔

欧洲喜欢在冬至的时候，在家装饰上花环或花束。日本则喜欢通过挂稻草绳，插花来庆祝新年。以前人们用冬天结出的果实来祈祷丰收和繁荣，这是与自然共存时形成的最纯真的习惯。

万里，在通信不发达的时代，却拥有相同的习惯，这确实很令人惊讶。虽然国家和文化不同，但是人在自然中生活，人与自然的关系决定了会产生相同的习惯。

以冬至为首，日本的盂兰盆节、新年，这些节日的共通之处就是让人聚集起来。家族、亲人相聚一堂，共同度过美好、安稳的时光，这或许就是自古以来节日的真正本质所在。

在西欧，盂兰盆节、新年、冬至演变成了圣诞节，这一日家人欢聚，一起分享美食。盂兰盆节和年末的时候，回乡的车总是引起日本高速公路大堵塞，就是因为大家往一起"聚"。现代人交往意识淡薄，人和人之间的联系很稀少，"聚会"本身可能就称得上是礼物吧。只要人们来到身旁，就是最大的礼物了吧。

在相同的场所，分享共同的时间，不仅是高兴，连悲伤亦可被分享。

赠物的这种原点，需要我们重新审视。

ATELIER MUJI

冬至节　团结，巡游，联系

时间：2011年12月2日 周五 -2012年2月14日 周二
会场：無印良品有乐町2F ATELIER MUJI
入场费：免费

同自然共存的人类的"冬至节"。三部分构成回顾欧洲和亚洲共通的"生活的原点"。第一部分为凯尔特人和日本人共通的文化，以"团结"为主题。由研究凯尔特艺术文化的第一人：鹤冈真弓和以传统文化及生命为活动主题的造型家：真田岳彦创作的参与性展示空间主导。

主办：無印良品
协办：多摩美术大学　艺术人类学研究所［IAA］
编辑·组织：真田岳彦［真田造型研究所］

www.muji.net/lab/ateliermuji/

享受睡眠

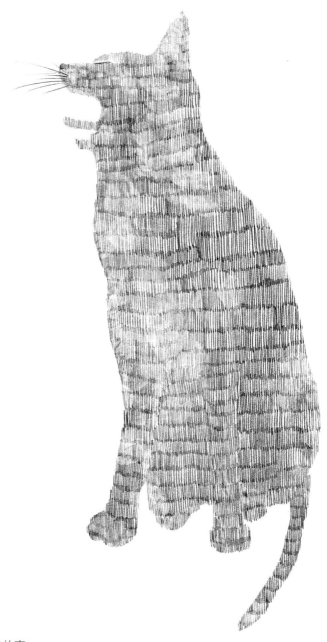

思考睡眠是非常困难的事。

原因在于，睡眠是无意识的状态，解读无意识状态的现象是不易的。

在本章，我们探讨睡眠的构成、比较世界各地的睡眠、思考睡眠与文化的关联。

通过解读睡眠的构造，探索如何获得优质的睡眠。

享受睡眠

忙完一天的工作，让疲惫的身心获得小小的幸福感。

保持良好的心情睡到第二天早上，轻松地睁开双眼。

良好的睡眠是快乐生活的基础，这谁都能理解。

但是，另一方面，很多人的睡眠还存在各种各样的问题。

为了实现舒适的睡眠，我们该如何做呢？或许，大多数人认为睡眠只是一种需求，

但是，如果能够更积极地享受睡眠，我们就能感受到生活的充实。

不管怎么说，人生中有三分之一的时间都是在睡眠中度过的。

现在的日本人，平均睡眠时间尚不足 7 小时。在过去的 40 年间，平均睡眠时间减少了 1 小时以上。而且，越来越多的人在 12 点之后才就寝。工作时间段的多样化，夜晚如同白天，这些都影响着日本人的"睡眠观"。

生活于农耕时代的日本人以"勤勉"为美德。他们甚至牺牲睡眠时间进行劳作，相应的也提升了生产效率。所以，比如"贪睡"这个词，表现出人们认为睡眠带有罪恶感的价值观。或许，这也说明了日本人减少睡眠的潜在原因。

在大多数人都不使用计时工具的江户时代，人们以日出及日落为依据，依靠这种"不定时法"掌握时间。按照日出及日落分开昼夜，再分别以六等分为一刻。但是，按照这种不定时法，一刻的长度在昼和夜或不同季节中就有所不同。比如，夏至白天的一刻约 2 小时 40 分，冬至白天的一刻则约 1 小时 50 分。所以，寒冷的冬季长夜或许比夏季的睡眠时间更长。虽然现代人使用着精确的计时工具，获取同自然同步的时间。但是，相应地也从自然节奏中脱离开来。

现代人的睡眠问题中，牵扯着各种复杂的要素。睡眠本身还有许多未解之谜，我们需要从不同视角来思考舒适的睡眠。

读解睡眠

"睡眠" 如同 "饮食"，人类通过吃饭及睡觉来维持生命。
但是，并不能仅从生理角度进行简单的读解。饮食习惯、食物种类、
烹饪方法等会因地域及时代不同而产生差异，睡眠也受各种要素的影响。
这是从文化视角研究睡眠的丰田先生和高田先生的观点。

图片提供：小长谷有纪［蒙古］、泽田昌人［刚果］、新本万里子［巴布亚新几内亚］

生活在帐篷——"蒙古包"中的状态。床铺及其装饰，床铺边大多挂着帘子以遮挡视线。

Mongolia 蒙古

睡眠在地域及时代上的差异

将睡眠研究扩大至社会及文化领域的 NPO 睡眠文化研究会，将"睡眠时穿着的专用服装"的总称定义为"睡衣"。睡觉时不换衣服是"白天服装"，睡觉时脱去所有衣服是"裸"，脱去上衣是"下装"，还有标准的"睡衣"等 4 种分类。按照这种分类，使人极易联想到热带地区适用于"裸"，但是，居住于极寒地带的因纽特人却习惯于裸睡。当然，他们是裹着厚实暖和的毛皮入睡。即便如此，如果他们穿着白天的衣服入睡，衣服中的水分反而会使他们感觉更加寒冷。

实现睡眠的空间及寝具也有地域性的差异。几内亚的低地及海岸地带依靠粗放垦荒农业生存的人们，习惯于在离地住宅及树木制做的床上睡觉；中南美洲，由于环境湿润，人们则习惯于长期睡吊床，或者在枯草铺成的床上吊起蚊帐睡觉，还有像日本一样铺上被褥睡觉等。所以，睡眠的方式千差万别。

世界睡衣分布地图
※ 欧洲文化影响世界之前［15 世纪］

Congo 刚果

东北部伊图里地区依靠狩猎为生的非洲矮人住宅。兄弟和朋友之间形成群落居住。

Japan 日本

作为坐垫及床的榻榻米铺满整个地面，日式住宅的房间整体就是床面。

极北的西伯利亚，帐篷中还有一顶帐篷，才能在寒冷中入眠。

资料来源 Popov 1966

Far North 北极

防患地面的湿气及虫子，使用吊床睡觉。吊床就起源于南美。

South America 南美

白天服装型
※ 以下 3 型以外的地域

裸型

下装型

睡衣型

Argentina 阿根廷

日照强烈的夏季，人影也很稀疏。

Papua New Guinea 巴布亚新几内亚

乡村居民也开始使用床垫。入睡时不换衣服，白天服装型。

湿地的蚊虫较多，需要挂蚊帐睡眠。床高且有弹性，却不太坚固。

不同社会对"梦"的解释

对于梦的解释，受到社会环境的影响。大多数民族共通的是，睡眠时感到灵魂离体，就把这种体验称之为"梦"。在印度尼西亚，如果在睡梦中被人在脸上胡乱图画，睡醒后会认为找不到自己的容颜，自己的灵魂已经无法回来，甚至为此而死去。此外，在巴布亚新几内亚，人们会将梦境和现实联系到一起，有些地区的人们甚至认为梦境必然会出现在现实世界。所以，如果在梦境中做了坏事，在现实世界中他们也会谢罪，以求得宽恕。

梦被认为是未来的前兆，有些地方甚至买卖好梦。在日本，有一段关于北条政子的故事：政子听得妹妹的一个梦 [登上高山，日月同辉，还有橘子挂在树枝上]，于是她用镜子向妹妹交换了这个梦，之后政子凭借这个好梦成为赖朝的妻子，最后成为执掌权势的尼将军。或许，这也说明了当时的日本人如何解释梦境。

睡眠及梦的存在方式受地域的影响，也受环境及文化的影响。近年来，发达国家的人们开始理解睡眠对于健康生活的重要意义。但是，像日本这样拥有以牺牲睡眠完成工作及学习为美德的根深蒂固的文化的国家也不在少数。丰田先生和高田先生通过不断地观察不同地域产生的各种睡眠状态，得出如下结论：睡眠因文化不同而存在差异! 或许，我们认为"理所当然"的睡眠状态也仅仅是出自于我们平时的生活体验。

丰田 由贵夫 NOP睡眠文化研究会代表、立教大学教授
在巴布亚新几内亚研究近代化影响的人类文化学者。在睡眠文化研究所进行梦的民族志研究。

高田 公理 NOP睡眠文化研究会理事、佛教大学教授
以信息文明学、城市文化论为研究领域。对旅行、观光、饮食文化、嗜好品 [酒等] 等诸多领域进行研究。

睡眠的结构

睡眠是无意识的世界。即便如此，睡眠对于我们来说仍然存在很多未知。
而且，通过理解梦的结构，或许我们能够提高睡眠的质量。
这也是广岛大学名誉教授堀先生对睡眠结构和梦之间的关联性说明。

睡醒　　　　　非快速眼动睡眠　　　　快速眼动睡眠

快速眼动睡眠和非快速眼动睡眠

比如"昨天睡眠很浅"等实际感受，说明我们能够通过体验，感受睡眠的深浅。实际上，只要对脑电波进行测量，深睡眠和浅睡眠的差异也就一目了然。如果进一步从这种层面细致观察睡眠，还能发现接近于睡眠和睡醒的临界状态，可将此称之为"快速眼动睡眠"。

快速眼动睡眠是"rapid eye movement"的简称，脑电波虽然表示为睡眠状态，但眼珠却快速转动。1953年，芝加哥大学的学者通过观察初生儿的睡眠姿态发现，眼

睛快速转动通常是在清醒的状态下，但这项研究却发现人在睡眠状态下也能如此，并且，通过此后的研究，明白了受眼球运动的刺激产生梦的映像的事实。虽然非快速眼动睡眠状态下也会做梦，但是快速眼动睡眠状态下的梦更加鲜明。

快速眼动睡眠中，大脑向骨骼经络发出脱力指令，骨骼经络因此松弛，身体则无法移动。以前，很多人认为这是一种灵异现象——"鬼上身"，但实际这种现象可以通

睡眠阶段和睡眠的经过

记忆的结构

通过调查得知，早睡的学生比熬夜学习的学生成绩更好。也就是说，提早就寝时间有利于稳定记忆。通过图示可以看到，第 2 阶段的睡眠和快速眼动睡眠相加的时间对记忆至关重要。因此，适应自然节奏的就寝时间非常重要。提早睡眠时间有助于提升记忆力。

过快速眼动睡眠加以说明。"鬼上身"是一种当人们从清醒状态迅速进入快速眼动睡眠状态时产生的现象，在意识尚存的状态下抑制了骨骼经络的运动，梦的体验则更具实感。

那么，再列举一个对猫所做的试验。左页最右侧插图是快速眼动睡眠状态的猫，骨骼经络没有力量，无法保持姿态而横卧。遮住猫的大脑命令系统进行观察，快速眼动睡眠中也无法实现脱力状态，于是，得知猫正在进行追逐猎物的行动。可以证明，猫在梦中也在进行捕食的练习。

虽然无法在人类身上进行这种试验，但是通过对快速眼动睡眠后清醒的人进行睡眠内容调查，可以知道人类同猫一样，在梦境中也在进行生存及危机管理的模拟。而且证实，梦境中的失败及消极的情况较多。

并且发现，大脑对白天所得的信息进行整理，过了一定时期后会出现于梦中。虽然明白睡眠可以整理及稳固记忆，但是将梦境中获取的信息转换为现实世界中的知识的假设是否成立？

睡眠时
提取过去
和现在的记忆。

```
思考判断
(前头叶)  →  近期记忆
              (海马)
                ↓
              远期记忆
              (侧头叶)
```

快速眼动睡眠 [梦]
仅仅是记忆展现。

```
思考判断
(前头叶)  ←  最近记忆
              (海马)
                ↓
              远期记忆
              (侧头叶)
```

梦能否被控制？

通过控制梦来改变恶梦情节的尝试也曾进行过。确实如此，如果能够介入梦境，即使梦中会产生恐惧的体验，或许也能巧妙地回避危机的状况。西马来西亚的谢诺伊族，据说自古以来就开发出控制梦境的技术。他们每天清早聚集所有亲族，相互汇报梦境，并通过亲子之间的做梦技术指导，使控制梦境的技术传承至今。另一方面，1981 年以斯坦福大学的睡眠研究者为首的研究也实现了划时代的意义。通过研究表明，即使在快速眼动睡眠中也能使用微小的眼动及指尖运动，将睡眠中的人的"现在正在做梦"的信号传递给外部的人，实现一种将梦境移至清醒状态的训练。虽然这

在日本还有这样的习俗，为了能有个好梦，会枕着绘制了吉祥图案的枕头入睡。

种方法不能通过一个人完成，但是也能通过自我的训练实现。首先，控制梦境的第一步，就是能够自我意识到目前处于梦境。为此，需要持续回忆及记录梦的内容，如果产生相似的状况，则会自我意识"这是梦境"。接着，通过冷静的控制自我，实现脱离这种梦境。于是，通过接入梦境、替换梦境，可以解除恶梦。如果恐怖的梦是危机管理的模拟状态，通过有意识地将梦引导至积极的方向，或许可以实现我们在现实社会转变危机的能力。

堀忠雄 NPO睡眠文化研究会理事，广岛大学名誉教授
以精神生理学及睡眠科学为专业，从脑科学及心理学研究出发，进行梦的体系的研究。

睡眠的调查报告

去年 4 月及 8 月，实施了两次关于"睡眠"的调查。
我们也在网站上对"调查结果报告"进行了公布，从中可以看出一些具有深意的结果。
为此，我们以 3 个项目为着眼点，重新对此报告进行整理。

"睡眠相关的调查" 2010 年 4 月及 8 月实施。1166 [第 1 次] +3124 [第 2 次] =4290 人参加

>>> www.muji.net/lab/project/sleep/

① 身体时钟和太阳

通过第 1 次的调查，占整体 75% 的被调查者回答"完全无法睡醒"，相对于 54% 的被调查者
的入睡需要一定的方法，29% 的被调查者的睡醒需要一定的方法确实很少。并且，为了能够
睡醒，很多人会借助外界光线的投入。那么，"清晨的光线"和"睡醒"存在怎样的关系？

睡醒时的状态？

睡醒后在被褥里待一会	29%
完全无法睡醒	25%
睡醒后再睡	23%
持续不清醒状态	20%
没有听见或不记得闹钟的声音	3%

睡醒需要一定的方法

是 29%
否 71%

为了睡醒，需要哪些方法？[环境状态]

※ 睡醒需要一定的方法的被调查者的进一步回答

使外部光线进入	66%
使房间暖和 [冬]	35%
播放音乐	10%
不停止闹钟	7%
其他	24%

作为入睡的方法，回答"制造完全黑暗的环境"的被调查者最多，为 33%。相对的，作为睡醒的方法，大多数被调查者的答案是"使外部光线进入"。所以，我们从中得出如下结果：入睡需要黑暗，睡醒则需要光线。

在第 2 次调查中，我们试着对"使清晨的光线进入房间"×"能够轻松睡醒"进行了调查。根据结果，虽然数据有 6 ~ 7% 的差异，但是清晨的光线确实对"睡醒"存在影响。

"使清晨的光线进入房间"×"能够轻松睡醒"

如果清晨的光线能够进入房间，那么轻松睡醒的比例非常高。遮光窗帘虽然能够遮挡夜晚的光线，但是清晨的光线也会被遮挡。所以，早晨难以睡醒的人最好从清晨的光线方面多考虑方法吧！

使清晨的光线进入房间？

光线无法进入的原因
·遮光窗帘
·雨棚
·没有窗户
·房间朝北
等等

否 28%
是 72%

轻松起床的频率

	几乎每天	3 ~ 4 次 / 每周	其他
清晨的光线进入	23%	40%	37%
清晨的光线无法进入	20%	37%	43%

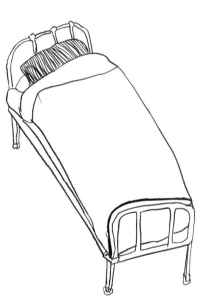

听听睡眠研究专家的见解

睡眠的启示 [1]

我们的身体中存在一些身体时钟。其中，主时钟存在于大脑里，因为眼睛的光刺激，起床时需要接受光线。如果接受大于 2500 照度的光线 [多云天气的户外光线照度]，身体就能感知清晨的到来，并发挥调节身体节律的效果。即使起床前的眼睛是闭合状态的，它也能感知光线，并做好身体起床的准备。所以，对比使用遮光帘的黑暗环境，渐渐明亮的室内环境能够实现更加平和的起床条件，从而达到自然醒。

② 体温与睡眠

人的睡眠与体温变动相关联，调查显示，人体体温稳定时更利于入睡。

入浴方式对睡眠有无帮助？[附加调查]

睡前入浴	61%
没有	28%
长时间入浴	17%
低温入浴	13%
足浴	2%
其他	4%

通过 4 月实施的第 1 次调查，认为入浴有助于睡眠的被调查者较多。但是，出汗较多的季节通常只进行短时间的淋浴，且入浴时间没有规律。所以，接下来我们进行了更深层次的调查。

入浴是否泡澡？

24% 39% 19% 18%

- 几乎每天
- 3～4次/每周
- 其他
- 不泡澡

难以入睡

几乎每天泡澡　11%　24%　65%

不泡澡　14%　29%　57%

通过第2次的调查，以"泡澡"或"淋浴"为着眼点，调查两者同入睡的关系。选择"几乎每天泡澡"的被调查者将近40%，但是对于选择"不泡澡"的被调查者，"难以入睡"的比例却有所降低。所以，入浴方式和入睡似乎有着很大关系。

听听睡眠研究专家的见解

睡眠的启示 [2]

我们身体的体温［※ 称之为"深部体温"，是指身体中心的温度］
每天会在正负约1度的范围内上下波动。即使体温的节律没有标准，体温下降过度则造成难以入睡，清晨体温没有稳定回升则造成难以睡醒，由此导致良好的睡眠无法实现。傍晚之后体温开始渐渐下降，如果就寝前在温暖的水里泡澡，体温得以回升，副交感神经状态良好，不仅精神得以放松，之后体温下降的过程也很平缓，完成睡眠前的准备，实现轻松睡眠。

③ 白天的困意

通过第1次的调查，午后13点至15点左右感到困意的人占被调查者的半数以上，从身体系统考虑，这确实是任何人都容易感到困倦的时间段。相对而言，如果早晨感到困倦，则是睡眠不足的反应。

白天是否感到困倦？

2% 9% 18% 36% 35%

- 几乎每天
- 2～3次/每周
- 1次/每天
- 无困意
- 其他

感到困倦的时间段在什么时候？

3% 4% 9% 20% 6% 15% 43%

12点	16点
13点	17点
14点	其他
15点	

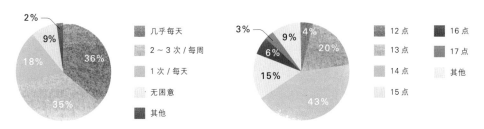

睡眠的启示 [3]

困意的身体节律对应 12 小时的自然节律，午后 2 点至 4 点存在一个困意的高峰。因此，为了应对这段时间的困意，建议进行短时间的浅眠。特别建议在 13 点至 15 点之间的时间段浅眠 20 分钟左右。如果浅眠时间过长，就必须从深度的非快速眼动睡眠立刻清醒，否则会出现困意加深的反效果，甚至会影响夜晚的睡眠质量。所以，进入深度睡眠前立刻醒来，这就是浅眠发挥最佳效果的秘诀。

睡眠研究家

锻冶惠　NPO睡眠文化研究会事务局长

进入 lofty 公司后，长年从事睡眠文化的调查研究工作。此外，作为 NPO 睡眠文化研究会事务局长持续推动研究活动。主要著作有《日本的睡衣历史》等。

点心时间

※ 旧时的 2 点至 4 点的两个小时称之为"八时"，人们通常会在这个时间休息及品尝茶点，故称之为"点心时间"。为了克服这个时间段的困意，通过午睡或茶点等缓解。

午休

午睡使人精神焕发，符合生理学理论。午睡是拉丁系国家及早起工作的热带国家的习惯，但不同地域也会产生很大的差异，而且，不仅是气候及社会规范的差异，针对午休的价值好像也同时起到了影响作用。比如将午睡作为社会制度加以要求的西班牙在 2006 年废除了该项制度，这是因为随着城市化的发展，工作单位离家越来越远，由此就难以再像以前一样利用两个小时午休时间回家休息放松后再回到单位。此外，加入欧盟之后，也是为了同没有午休文化的近邻各国的生活方式实现统一。

认可午休文化的国家

□亚洲
阿富汗、印尼、柬埔寨、印度、韩国、马来西亚、泰国、越南、中国[台湾、东北部分地区及西藏自治区]

□非洲
肯尼亚、尼日利亚、埃塞俄比亚、塞拉利昂、乌干达、马里、塞内加尔、布基纳法索、埃及、刚果民主共和国

□中东
伊朗、阿曼、叙利亚

□欧洲
希腊、塞尔维亚、黑山、意大利、西班牙、葡萄牙

□大洋洲
澳大利亚、巴布亚新几内亚、菲律宾、萨摩亚

□美洲
墨西哥、巴西、哥伦比亚、海地、牙买加、巴拉圭

[Web & Dinges 改变 1989]

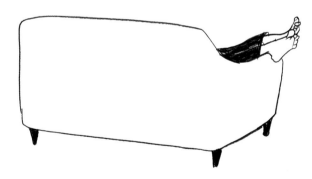

瞌睡

在日本，地铁中经常可以看到打瞌睡的人。但是，在外国人看来这简直就是难以置信的情景。日本人之所以能在公共交通工具中入睡不仅仅是对常理的撼动，或许也是因为世界最好的治安环境给人们带来的安心及人情味，而且，学校的课堂中或工作的会议中"打瞌睡"也是日本人的特点，并因此时常遭受外国人的非议。那是因为，勤奋导致日本是世界上睡眠最少的国家，这是一种慢性睡眠不足的反应。但是，由于日本人独有的气质的影响，他们又很在意"到场"及"参加"的重要性。

为了优质的睡眠

动物只有在安全的环境中才能入睡。

人在入睡前，需要调节照明及声音，或者将喜爱的物品放在身旁也能安心。

什么是"安心"？首先，我们来看看人们获得安心的各种方法。

使房间整洁

将粉色的**喜马拉雅岩盐**置于枕边。

[女性／30 岁]

蟑螂的姿势或锄头的姿势，

在被褥上练习**瑜伽姿势**。

[女性／40 岁]

自己的手指

[女孩／7 岁]

将拖鞋、巧克力等**应急物品**放入背包里，

任何时候发生地震都不用担心。

[女性／30 岁]

毛茸茸的毛毯。

谁能陪我一起睡啊。

[女孩／8 岁]

听听**广播或相声**。

同儿时听着童话故事入睡的感觉一样。

[男性／60 岁]

早上看太阳。

晚上看月亮。

为了良好的睡眠，

我有意识地持续了 2 年。

[女性／20 岁]

看手机里的照片，

说过晚安再入睡。

[女性／10 岁]

睡不着时去附近的**超市**，买点吃的。

再长胖就不好了，想着想着就自然入睡。

[男性／30 岁]

边看**漫画**边入睡。

睡觉前是漫画的时间。

看多少遍都开心，

都能有新的发现。

[女性／30 岁]

带着感谢今天的心情入睡，

勉励自己，

入睡时全身细胞得以放松。

双手交叉胸前，

带着感恩的心情入睡。

[女性／30 代]

啤酒 1 瓶。

[女性／60 岁]

入睡时身旁放置什么小物件？

[根据第 2 次睡眠调查]

第 1 位　手机、智能手机
第 2 位　闹钟
第 3 位　枕头·抱枕·靠垫
第 4 位　毛巾

入睡前一定要点上 MUJI **超声波香薰**等。
而且，
一定要和宠物狗一起睡。

[女性／40 岁]

完全没有宗教信仰。
但是，只有向地球的所有神明祈祷才能入睡，
"今天顺顺利利，
请神明保佑我明天也一切顺利。"
小时候害怕地震，不自觉中养成的习惯。

[女性／30 岁]

用毛毯等盖住身体时，将**足部完全包裹**。这样让人感到安全。

[女性／30 岁]

入睡时最介意的是**床单的整洁**和**枕头的厚实感**。
几个枕头重叠入睡才好。

[女性／50 岁]

听妈妈讲童话故事。[2 岁半]

从 11 点开始听 NHK **广播深夜播放**。
偶尔会听到感兴趣的内容，却睡着了。
广播员的语速再慢些就好了。

[女性／50 岁]

擦汗的毛巾

[女性／40 岁]

出生时就会的方法，
拽住毛巾被的边角。
让心情放松的感觉。

[女性／20 岁]

香薰灯或猫布偶。

[女性／50 岁]

轻轻抚摸胸口及腹部，
即可轻松入睡。
不要想太多，
集中手心的热量。

[女性／30 岁]

一 杯 水

夜里饮用。

[女性／20 岁]

电话。

用作闹铃，
还有地震警报功能。

[女性／40 岁]

旅行和睡眠

外出旅行的途中，睡眠休息必不可少。
但是，怎样解决高速移动和安逸睡眠的矛盾呢？
我们以乘坐夜间客车及飞机的"睡眠对策"为例进行说明。

飞机
Plane

座椅的底部，乘客可以脱去鞋子放入其中。

宽大的窗户，沐浴早晨的阳光，自然醒来。

放松、舒适的睡眠及安心工作的环境。追求舒适性的私人空间。

ANA 波音 787 飞机

时而是床，时而是沙发，时而是椅子的机舱座椅，可应对所有需求。虽然睡眠时的舒适性容易被忽视，但是波音787飞机的商务座却以"不牺牲睡眠"为理念设计而成。正因如此，机体完成后就开始订购座椅，实现舒适睡眠的用心随处可见。180度的圈平躺座椅，与其说是座椅，倒不如说是床。座面内部的人造橡胶分为3个部分，通过改变硬度实现分散体重的设计。此外，所有座椅错开布置，实现了较为私密的空间。该飞机是提供两次用餐的远程航班，但是有的客人从开始睡到目的地，也印证了其舒适的睡眠环境。

协助拍摄／全日空航空公司

夜间客车
Highway Bus

腿部可以充分伸展的私人空间，内部还有小电视。

JR 客车关东线　高级梦幻号

1969年，日本首次出现夜间客车。随着东名高速道路的全线开通，现在JR客车的前身国铁客车开通了"梦幻号"。此后，随着科技进步及发展，出现了我们现在看到的继承该梦幻号传统的"高级梦幻号"。这是一款从2006年开始使用的，以"舒适睡眠"为理念的双层客车。一层座椅为两列横置，座椅的宽度为60cm。座椅还可以放倒至156度，近乎于床的横卧体验。座椅的周围设置了遮光窗帘，拉上窗帘就是私人空间。而且，实现舒适睡眠的驾驶技术也是必不可少，延长变更行驶路线的时间，保持发动机在噪声较小的匀速条件下运行，需要时刻注意微调的细心驾驶技术。为了提升驾驶员的水平，公司内部还会实施技能竞赛。通过以上对策，从软件及硬件两方面，充分实现了舒适睡眠。

协助拍摄／JR关东株式会社

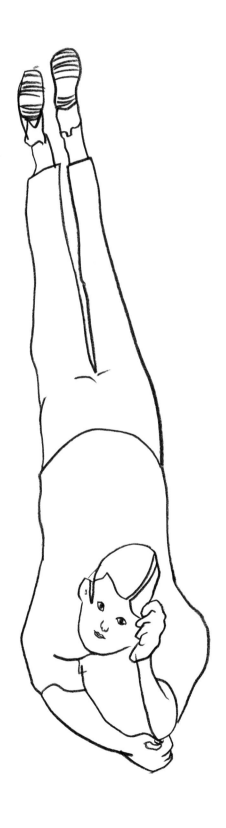

享受睡眠。

睡眠期间没有意识，自己的睡眠是何种状态就连自己也不知道，但是，任何人都知道睡眠对于健康及美容的重要性。此外，我们还知道睡眠可以稳固记忆，并能在梦中模拟进行危机管理。关于睡眠，还有许多未解之谜。但是，早睡早起对身体、大脑的益处不容置疑。此外还要强调的是，12 点之前就寝的重要性。

而就寝前的时间应如何度过同样非常重要。为了实现优质的睡眠，入睡前的时间段内需要放松自己。或入浴温暖身体，或放松身心，或播放舒缓的音乐，或熏香，采用适合自己的睡前"仪式"。将自己的生理开关时间进行正确的切换管理至关重要，它决定了睡眠质量。

另一方面，清晨的醒来方式也非常重要。如果被闹钟或别人叫醒，一定很难感受到舒适睡眠的满足感及舒适感。通过向醒来时间集中意识，对应身体的自然节奏，可以从浅眠渐渐至轻松的睡醒状态。而且不要忘记，人类的身体早起时沐浴阳光，开始调节体内的时钟。所以，早晨的醒来方式决定了一整天的身体状态。

优质的睡眠取决于良好的醒来方式，即"睡眠始于醒来"。因此不仅只是为了缓解身体疲劳，更为获得最佳睡眠，还需要调整环境，尝试各种手段。只有这样，才能获得清爽的睡眠。有意识地享受睡眠，需要有意识地改善醒来条件。通过积极地享受睡眠，不仅能够改变睡眠的质量，还能改变白天的生活状态。

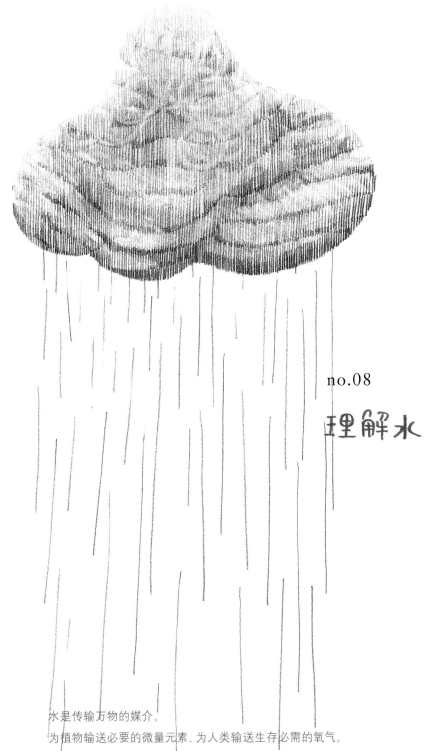

no.08

理解水

水是传输万物的媒介。

为植物输送必要的微量元素、为人类输送生存必需的氧气。

但在日本，水的作用不仅限于如此。

以前举行仪式的时候，会用水流输送人的意识。

神社里洗手的环节，也是基于将看不见的脏东西冲掉的想法而来的。

进一步讲，一切生命起源于水。

这一次，我们思考何谓水、对于生命来说不可或缺的水，以及人们与水的关系。

理解水

地球上的水 98% 是海水，大气中的水大约占总水量的 0.001% 左右。

这些水时而成云成雨，时而成雪成雾，改变形状和运动方式。

渗入土壤中的水成为地下水，构成河川，最终汇入大海。

在这样的循环中，我们得到了水的恩惠。

日本是世界少有的水资源丰富的国家。

正因如此，或许日本人对水没有更多的关注。为了生命，我们应该试着思考水的未知面。

水是所有生命的源泉。因为水，地球诞生了生命，我们人类就在其中。查看水的词源，可以知道其包含着"延续生命"的意思。

人类的身体基本由水构成，约占成人体重的60%，约占新生儿体重的80%。出生前的婴儿在母亲的体内，被"羊水"包围着孕育而成，十月怀胎的过程，可以追溯到人类诞生的历史，生命起源的记忆或许就记录于羊水之中。水惠及着地球，时而显现，时而消失，带着过去的记忆循环于大地之间。或许，远古时代的记忆也能在水中找出踪迹。

水还会带走污浊，带来洁净。一种日本古代传至今日的仪式，用洁净的水冲洗身体，将污浊转移至人偶，并流向河川。又比如，进入神社及茶室前，我们也要用水洗手。总之，水是生命的源泉，循环往复，将过往的事物及污浊冲走。并且，其中一部分仍然回到大气中，成为云，成为雨，又还原成水。所以，水通过循环可以实现净化。

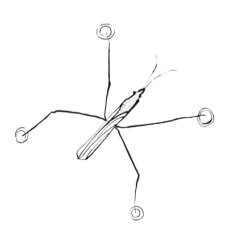

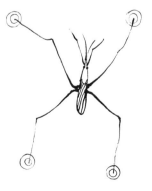

水的恩惠

从大海开始，到天空，到大地，到河川，再回到大海。
不仅是水自身的循环，其中还运送及净化着各种物质，
帮助地球上所有物质的循环。
或许，可以将水称之为实现生命循环的媒介。

使土壤复苏的水

将各种物质溶解及运送散播，这也是水具备的强大力量。可以说，水的循环将各种生命有机地结合在一起。我们身体中循环排出的水，生活用水等也都是这个循环的一部分。所以，并不能对水的去向漠不关心。

土壤专家认为，日本的土壤比较贫瘠。为了能在这样的土壤中培育植物，则需要各种各样的微量元素。人体的排泄物中就包含很多这样的养分，如果将其返回土壤中，土壤就会变得肥沃。生活污水及排泄物中含有大量土壤所需的微量元素，但是，现在基本都被排向河川及大海，并没有被循环利用。城市的排水处理技术并没有将这些元素返回土壤中，而是直接通过下水道排向大海。所以，不仅需要考虑上水道的循环利用，下水道的循环利用也是一个重要的课题。

以前的江户城拥有 100 万人口，是当时世界罕见的卫生型城市。当然，那时还没有下水道。但是，在以稻田耕作为基础的社会系统中，排泄物及生物垃圾等有机物成为农业肥料还原于土壤，种植出的米及蔬菜成为当时江户人的食材，并由此构成循环系统。于是，江户人的排泄物运送至农村，并堆积成肥料，最终发酵成优质的基肥。通过对这种"汲取方式"的改进，形成之后的"合并处理"。堆积多层存放于罐内，通过微生物的分解，就可播撒使用上方的积液。

山中湖旁边的匹卡山中湖村落，是根据朴门永续设计思想设计而成的设施。朴门永续旨在通过学习自然系统，实现"可持续

居住的房屋内排出生活污水，通过生物过滤器过滤，并由水车储存于储水罐中，用于农田灌溉等。

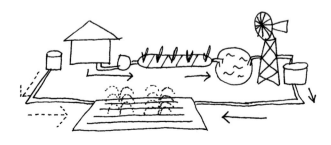

屋顶落下的雨水聚集于储水罐，用于农田灌溉等。不仅仅运输营养素，还起到节约用水的作用。

【生物过滤器的结构】

植物

石、土

塑料膜

合并处理和生物过滤器的组合。首先，通过合并处理槽分解排出的污水，并通过微生物进行再次分解，最终被植物吸收。

的生活"，是一种澳大利亚学者提倡的思想构成的生活学。其根本是同自然共存的古代日本的农业状态。匹卡山中湖村落中，"合并处理"搭配生物过滤器，将污水返回农田。生物过滤器则是一种将水中富含的营养素返回土壤的装置。

在此，将土壤及岩石布置于合并处理的水流经止处，用于过滤水，同时通过水中的微生物分解污水中的有机物，再由植物根部吸收及回收养分。水得以净化，水中的有机物成为养分，并通过土壤及岩石制作的过滤装置，顺利循环移动至下一步骤。同时，利用地面的落差实现水的流动，所以无需动力。

一边将水重复循环运送至低处，一边将洁净的水引入储水池。池中的水通过水车存储于储水罐，可有效地用于农田等耕作。

并且，池中还能聚集吃农田害虫的蜻蜓等众多生物。池中还有许多蝌蚪。匹卡的同仁们说："不久之后就是满

池的青蛙了！"因为青蛙栖息于池中，还会招来以其为食的蛇，甚至招来吃蛇的猫头鹰。小小的水池中，尽可能实现着多样的生态环境。由此可知，在水循环之中，众多生命得以生存。

匹卡山中湖村落 http://yamanakako.pica-village.jp/

与茂雅之
藤崎健太
三浦丰秋

向我介绍的匹卡的各位成员。为了"联系人与自然"，开展各种活动，凭借他们的努力，寒冷季节的山中湖也会增加很多来客。

同河流一起

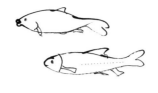

曾经，河流是孩子们最好的游乐场所。
在那里，水和鱼，还有人都被解放，成为展现生命活力的场所。
浅井先生的少年时代几乎每天都在鸭川玩耍，距今已有 70 多年。
他现在依然深爱着这条河，并开设了以河流为生的店铺。

对自然、人、生活、河流的感悟

孩童时代就在这条河边玩耍，高中时钓到了鲑鱼。本家是天保年间创立的豆腐店。浅井先生笑着说："大人们都很忙，没人管我，只好在河边玩耍。"因为非常喜欢在河边玩耍，20 岁就能动手烹饪自己从河里捕捞的鱼。于是开起了小店，捕鱼和烹饪都是自己做。店铺距离鸭川步行约 3 至 4 分钟，是河流经过的绝佳位置。

龙泽马琴所著的《京之三宝》中，鸭川也是其中一宝。但是，据说在浅井先生小的时候，这条河流并不是那么的清澈。工业废水及生活污水等导致水质变差，鱼类也难以栖息。之后，当时的蜷川京都府知事提出了"使河流回归生活"的口号，将鸭川恢复清澈的运动由此展开，并最终恢复了清澈的状态。浅井先生说："鸭川有很多小堰，水通过这里就变得清澈。"其实，这种小堰有一定的落差，河水流过后变得清澈，鱼类也更有活力。

浅井少年时，很早便注意到小堰的下方有很多鱼聚集。将鸭川的支流引向下游的"小堰"涌出许多水，到了夏天，很多鲶鱼就会聚集于此。

浅井告诉我：“夏天鲶鱼都躲起来了，通常躲在这里。”

另一方面，“清澈过度”也会造成鱼类难以栖息。比如中游聚集了很多垃圾，人们就用推土机进行清理。浅井先生感叹道："不懂河流的人在处理河流。完全没有考虑到鱼类的生存环境，河流变成了单纯的水路。只要有河流就会形成淤泥，也只有这样才是真正的河流。而且，

平坦的河床无法让鱼类栖息。"确实如此，"水至清则无鱼"。是否能将这里生存的生物包含在内，将河流看作生命系统？还是从旁观者的角度对河流进行治理？浅川对关注河流的立场提出了质疑。

店内有水槽，捕获来的小鱼们在这里畅快地游泳。采访时恰好是鲶鱼的幼鱼放逐于鸭川的禁渔期，水槽内是琵琶湖的小草鱼。被捕鱼时的渔网自然装饰之处，就是浅

井先生的店铺。渔网根据网眼的大小可分为4种，其中网眼特别小的渔网用于捕获条鱼的幼鱼。据说，浅井先生小时候就是专门捕获这种鱼的小渔夫。但是，最近的河水太清澈，已经很难发现这种鱼的踪迹。

浅井先生身边的喜代美说到："鸭川里的鱼是食客们的美味，但是鱼的品种不是很多。"于是，我深深地体会到："与其造就如此清澈的河水，还不如恢复适合鱼类生存的河水。"

浅井喜三
京都木屋町的日本料理店"喜幸"的店主，已经营60余年。面朝胡同的家族经营的有名小店，不仅能够品尝美食，还能同店主一起下棋。
"喜幸" TEL 075-351-7856
※ 周一、周二休息

滋润生活的郡上八幡之水

称之为"水之城"的郡上八幡，街道的横纵方向都有水路，仿佛悠闲漫步于水城之中。水中放养了鲤鱼，水得到自然净化，再流入河川之中。从房屋的屋顶前挂着的灭火用的水桶可以看出水和生活的密切关系。此外，随处可见"堰板"，将其插入水路中，可以阻断水的流动，可以蓄水或洗东西。庭院的灌溉及夏季洒水都取用这种水，这是一片滋润生活的水。

与水同造

时而静谧，时而波涛汹涌，
各种姿态的水好比人类的感情。
在这样的水中，自然构成的作品在此解放，同自然进行对话。
同抓住艺术家心灵的水进行对话。

与水相遇与水呼应，让线得以自由呼吸。

如果说染织家和水的关系，通常会想到染色过程中的晾晒。但是，染织家辻女士正在进行的则是将作品短时间放置于水中，同自然对话的装置艺术。在静止、波光粼粼、激流等各种形态的水中，同样放任流体形态的线，会发现如同生物般的深刻变化。这里所说的"线"是指水中飘动的简单编织的纤薄织物。辻女士对比自己的身宽，编织成40米的长度。

"水通常能表现同其接触的'对象'的意志及形状。线如同水，不带有固有的意识，而是表现出对方的意志及形状。线所追求的是时刻变化的对象的存在感。这种线和水成为一体时，在此表现的水和线就是彼此感情的姿态，同样也是大地的微妙感情。"[辻女士]

在芬兰，将红线置于流冰上的装置艺术。由酸性雨凝结而成的冰块，红色随后会褪去。

这种线使用虫胶染料印染成红色。虫胶产自寄生于树枝的虫子，通过自己的体液和树液建造住所，这个住所就成为了染料。辻女士说："虫胶改变线的颜色，也包含着自然的感情。红色是一种持续魅惑我的颜色，也是包含着许多意味的词语。津轻、秋田北部的方言和阿伊奴语中，'waka'表示水，'红水'就是供奉神佛的新水。所以，新生儿也称作'赤子'。"[Red like the spring water，ACAC] 辻女士将流动于人体的血管比作红水的流动，"红色"给人联系自然和人的地下水脉的印象。

带着这样的"红色"，不知被何种力量所牵引，辻女士访问过许多自然地域，包括原住民圣地、墨西哥玛雅遗迹、流冰的芬兰、八甲田山中、小牧野遗迹等。借用辻女士的话，就是"同遗失的'原始'形态的相遇之旅"。既是自然界的一部分，又是非自然状态的人，追求遗失的祖先灵魂的深切思想驱使着辻老师。

为米斯特克的居民而存在的装置艺术 [Hierve el Agua，墨西哥]，山中偶然发现的石灰质水滴经过几亿年形成的湖。

以上 2 组摄影：辻 KEI

辻女士将"红"放置于交织情感的位置，周边立刻变换成活生生的清爽面貌。标高约 4500 米，喜马拉雅山系中几乎没有水的位置，太阳升起之前的清晨，正是摊开线的时候。

辻女士认为："下雨后小河流动，就成为这样的线。"于是，沿着地形布置线。进行这种装置艺术期间，遇见放牦牛的牧童，辻女士挥挥手，

为夏尔巴人创作的装置艺术［尼泊尔东北部］，牧童舀水及喝水的动作触发了作品"织物［TEXITILE］的河流"。在没有河流的山地，水是贵重物品。

辻女士在此的两周时间内，每天仅用半面盆的水。夏尔巴人饲养牦牛，将其毛制作成纺织物，并靠此生活。

摄影：辻 KEI

这个少年做出了舀水及喝水的动作。或许，少年感受到了"水的生命"潜藏于线的河流之中。

放逐于水中的红线在 1 小时以内能够捞起。但是，据说可以看到水中的铁成分产生的微妙颜色变化。而且是铁成分越多，线就越会呈现出红中带紫的颜色。此外，水在动，这也会影响施加在线上的力道，因此在 40 米的线中，其局部的颜色和触感也会存在微妙的变化。

"地球由水和铁构成，体内的血液中也含有铁。可以说，水和铁就是地球本身，地球和人类的身体互为相似形。"辻女士说，当把线抛入水中时，那种感觉就好像"将另一个自己，或者说将自己的血管置于身外。自身得以清静，仿佛找回了远古时代的自己。"

辻 KEI　艺术家、东北艺术工科大学教授
以印染及纺织为工作主体，寻访世界各地的水域、森林、沙漠，进行实地调查的装置艺术。同时，坚持探求自己［印染的布］和时空［自然界］之间的关系。

这是带着自古以来被视为联系着自然界与人类的"红"，与作为生命之源的水，与追溯长久以来从两者处享受太多恩惠的人类之间漫长历史的旅程。"现场调查"原本是考古学及民俗学等领域使用的调查研究方法。而辻女士正是通过自己的实践活动生动再现了这种调研方法。

無印良品和水

介绍無印良品中各种因水而生的物品及设施。

1 奥会津　天然碳酸水

山毛榉遍布的奥会津及金山，寻求美味碳酸水的我们，在这里找到了矿泉水中涌现的含天然碳酸的软水。通过几层山毛榉重叠的地层过滤器，形成毫无杂味的润爽口感。并不像普通的碳酸水一样最后加入碳酸气体，自然形成的气泡充满柔和的口感，就像在平常饮用的天然水中添加少量碳酸，极其自然的美味。品尝着水的美味，享受着干净清爽的口感，这就是我们找到的碳酸水。

国外也有几种可称作天然碳酸水的水。但是，無印良品追求的是不影响烹饪的味感，每天吃饭饮用的美味水。意大利料理等浓烈口感的食料适合硬水，但是，纤细口感的日本料理更适合使用软水，而且长饮不厌。当地人之所以非常喜欢饮用这种碳酸水也是同样的道理。不受外界气体影响的碳酸水从地层涌现，直接装瓶，让您放心饮用。

国产 天然碳酸水 100ml
含税 **137** 日元

附带荔枝酱 品味月山天然水的果冻 100g [1人份]　含税 **189** 日元

2 品味月山天然水的果冻

無印良品利用果汁等材料的味感开发出系列果冻产品。而产品之一是一种可品尝"水本身味感"的果冻。其实，水是制作果冻时被用到最多的原料。所以，需要彻底追求极品水源，从"寻水"开始，找到的就是月山的自然水。

被万年积雪覆盖的茂密山毛榉森林包围的月山的融雪水，经历沧桑岁月，涌现于月山的山脚。山毛榉的落叶滋润着土壤，成为天然水池，存积着融雪，一点点浸透，最终涌现出来。这种水是一种包含适度矿物质的爽口软水，而且，为了激发出水本身的味感，通过非加热处理进行杀菌。在当地，这种水以"月山自然水"品牌进行销售，还能用于自产啤酒的酿造。为了能够品尝到这种水的美妙，我们制作出不带甜味的果冻。通过無印良品的原始处理，呈现出美妙水之味的绝品。

3 作为仙人秘水的化妆水

化妆品成分中最多的配方，是作为护肤基底的水。不管加入任何高价的成分，如果作为基底的水不好，则无法制作出好的化妆品。所以，無印良品首先从寻找优质水源开始。最终确定的位置是位于釜石和北上高地的远野之间的釜石矿山，受惠于优质磁铁矿石的山岳地带的一角。在此涌现的天然水由雨水及雪浸入山中，经过数十年缓慢渗透入岩床，研磨沉淀，从岩石裂缝中涌现出软水。接近于身体弱碱性 [pH8.8] 的水最适合饮用，细密的粒子可高效渗透进入细胞内，还有抗氧化的功能。经过厚实岩石的过滤，杂质减少，无需煮沸杀菌。使用完全不用煮沸杀菌的纯天然水为化妆水的原料，极为珍贵，而且，这已成为现实。如果饮用，会体验到一种容易被身体接受的柔和味感。"無印良品的化妆水贴合肌肤"，顾客产生这样的感受的秘诀也出自于水。不仅以"仙人秘水"品牌销售的饮用水很畅销，料理店也会使用这种天然水。所以，美味口感的水同样适合肌肤，这是切身感受。

化妆水·清爽型 200ml
含税 **580** 日元

取水地原先是采掘磁铁矿的矿山。采矿期间，将工具浸泡其中，可以防止生锈。

孩子们接触水时的表情很认真。通过玩耍，知道自然的深厚底蕴，切实感受水的柔和及危险。

4 宿营地的水边游乐

津南、南乘鞍、嫣恋是無印良品的 3 处宿营地，都靠近大湖泊，所以，我们深知水的奇妙力量。为了解放及充实人的心灵，我们认为"旁边有水"至关重要。在水边散步及垂钓，或者仅仅眺望水面，在水边放松是从繁忙生活中抽离的最好方法。在宿营地的室外教室，准备了独木舟、皮艇、钓鱼等各种接触水的游乐活动。

还有以小学生为对象的"儿童教室"。制作竹竿钓鱼，找鱼饵、钓鱼、清洗鱼及烧烤烹饪等都是亲自体验的"觅食活动"，在宿营地学习森林和河流的关系，制作竹筏漂流的"湖泊探险"，还有大家聚集于水边观察各种动植物的"水边探索"等。孩子们在水边，就像鱼儿得到水一样开心。当然，开心的背后也存在着危险。畅游自然，大家感受着水的温顺及危险。

水的语言

水深刻地影响着我们的生活，
不经意间许多关于水的语言被我们使用。
找寻由水产生的语言及文字，
似乎可以读取到关于水的思想及水和人的关系。

右侧的"夭"是手足展开、头部朝向一侧的姿态，包含"柔和"之义的字。沃由"氵＋夭"构成，水滋润的柔和，表示纯洁的意思。

沃

涌

右侧为"人＋用［板上穿孔］"，以踊［脚落地跳舞］为基础的字。加上"氵"，表现水穿过地面涌出的状态。

右侧的"夬"出自"抉"，表示挖成 U 字形。"氵＋夬"的"决"表示水将提防挖成 U 字形。喻意完全切断及决定。

决

大量的水就构成了"海"，水溢出就是"满"。"海＝水"是所有生命的源泉。古时候的日本人对此有直观的感受，或许怀着"水＝满足生命的物质"的意识。此外，日本也称之为"瑞穗之国"，"瑞"表示富含水气的幼嫩姿态，瑞穗就是水嫩嫩的稻穗。确实如此，受惠于水的日本就是瑞穗之国。

汉字的构成中也能读取到人和水的深切关系。"水"这个汉字原本就是表示水流形态的象形文字。由此派生的"三点水［氵］"就是水的意思，小学的语文课中也教过"带三点水的字都与水有关"。确实，我们能够想出很多同水有关系的字，比如：波、海、湖、池等。也有不带"氵"，但其中包含"水"之意的字，或者包含"雨"的字。另一方面，有些字不清楚为什么带"氵"，追溯他们的字源，可以看到由水而生、敬畏水、利用水以及因水而哭泣的人类的历史。

表示两手将竹剑的曲线拉直的象形文字"寅"和"氵"合成的字。原意为"延绵不绝的水"或"长河流",喻意"演技"、"演讲"等逐渐成熟。

演

永

水流分成细小的支流,延绵不断流向任何方向的象形文字。包含延绵不断的意思,常用于表示时间长久。

電

表示雷电弯折行进姿态的古代文字"申"加"雨"构成的文字。有"雷电"的意思,用于比喻"如雷电般快速"。所以,雨和雷电是组合。

漆

用于给漆器上色的天然涂料,取自采集该涂料的漆科树的树名。字的右侧上端是"木",下端是水滴滴落的形态。采集油漆时需要将树干划出裂口,像滴眼泪一样收集树液。该字切实地反映出这道工序的形象。

泉

表示从圆孔涌出水的象形文字。日语中,"泉"为"出水"之意,用于比喻事物的源头。

减

右侧的"咸"为"戌+口"构成的会意字,封住人们的口。加上"氵",就是封锁水源、减少流量的意思,之后专门指减少的意思。

水质

日本是为数不多的能直饮自来水的国家之一。
即便如此，为什么矿泉水的销量还是持续增长？
在此，通过介绍此项调查的一部分内容，
试着对美味的水及适宜身体的水等与"水质"相关的内容进行思考。

"与水相关的调查" 2012 年 5 月实施　4327 人参加

通过与水相关的调查，87% 的被调查者回答："日本的上水道［自来水］很干净。"确实，日本在世界范围内都是水资源丰富的国家，也是为数不多的拧开水龙头就能直饮的国家之一。但是，选择这种水"不好喝"的被调查者达到 42%，42% 的人使用净水器，40% 的人购买瓶装水饮用。30 至 40 年前，购买水是不可思议的事情。但是，许多人对"水质"有所要求，而且，虽说叫做"矿泉水"，但还是有所区别，或许很少有人知道是按国家的标准分类而成。

农业水利部对矿泉水的分类

1：原生水
以特定的水源采集的地下水为原水，不进行沉淀、
过滤、加热以外的物理性及化学性的处理。

2：原生矿泉水
原生水中，以富含大量矿物质的地下水为原水的水。
处理方法同原生水一样，仅限于沉淀、过滤、加热杀菌。
日本通常称之为"矿泉水"的水就是此类水。

3：矿泉水
原生矿泉水中，为了稳定水的品质，
通过调整矿物质，加入多种原生矿泉水，
并用紫外线或臭氧进行杀菌除菌处理。

4：瓶装水
上述各项以外的饮料水。
比如，纯净水、蒸馏水、河川的地表水、自来水等。
处理方法没有限制，可大幅改变。

什么是美味的水、适合身体的水？理解水的线索就是容器的标签。其中，需要重点确认的是杀菌方法、硬度、PH 值、营养成分等 4 项。

理解水质的判定重点

杀菌［处理］方法
加热杀菌会改变水的组成，理想状态是不杀菌。
过滤基本不会改变水的组成。

硬度
表示水的性质的最重要指标。
根据水的硬度，可以判断钙和镁的含量，
是获悉味感和健康效果的线索。

PH 值
表示水的酸碱性，pH7 为中性，
低于 7 则是酸性水，高于 7 则是碱性水。

营养成分
记录了水中含有的矿物质的种类及含量。

日本的水是缺少矿物质成分的软水，易于饮用，是一种适合调制昆布汁等日本料理的水。另一方面，国外的水大多是含矿物质成分较多的硬水，是一种适合长时间煮肉食料理，使食材软化的水。水中矿物质的差异取决于地形的差异，地形崎岖的日本山脉，水涌出的距离较短，几乎没有矿物质溶入吸收的时间。

水不仅影响食材的口感，还对人的身体有着极大的影响。早晨补水特别重要，人睡觉时会流出 0.5L 至 1L 的汗。因此，早晨的血液浓度较高，一杯水可以使身体恢复稳定状态。为了消除短时间的疲劳，天然的碳酸水可以分解体内的乳酸。PH 值也是一个重要的指标。疲劳时倾向于酸性，这时饮用碱性水，就能中和酸化的身体。了解水，对应身体状态饮水，有助于健康。这样的水所拥有的力量就是自然的力量。美味的水或适合身体的水，或许就是不经处理的自然之水。

未经调和的水

水是生命延续不可或缺的物质，不仅仅是所需的水分，
各种营养元素及氧气等生命所需的物质都溶解于水中，并通过水运输。
"长寿之地的水质良好"，这个道理不无根据。
此外，水自古以来就带有不可思议的力量。
人们用水洁净身体，用水清洁环境。不只是可见的力量，还蕴含着不可见的力量。
从辻女士的艺术中就可以感受到水的神秘力量。
各种生命由水而生，而且这些生命依靠水来维系。
孕育生命、支撑生命的，不是经过煮沸消毒或盐分杀菌处理的水，
而是自然的"不经调和的水"。通过接触具有生命力的"活水"，人们或许可以获取活力。
因此，以前建造城市时都会考虑水环境。

但是，随着近代社会对水的大量消费，或许破坏了水原本的平衡。
平衡失调的水循环往复，恶性循环由此开始。
被污染的水渗入土壤、流入河流，最后流向大海。而且，海水转化成雨，
再次返回到人的身体。因为，海水并不能分解所有的污染。
饮用水、废水、河水、海水及森林的树木等，都是需要保护的自然环境。
珍惜水，就是维持遵循自然规则的"不经调和的水"。
希望洁净、有生命力的水在未来的地球上不断涌现。
同时，需要我们重新思考每天面对的水。因为，水是所有生命的源泉。

从"版型"说起

"版型"，是方便人们进行复制的一种工具。

我们对这个概念加以延伸，把它也当成是"制作东西时的基本操作及常识"。

此外，我们还想重新思考，自己动手制作日常衣食住必需品的可能性。

因为这不仅是从购买向自己制作、从"消费者"向"生活者"意识转换，

在过去物品稀缺的年代里，人们也是这么过来的。

这么一来在物质丰富的时代里，我们反倒能再一次获得自己动手制作的乐趣，

自己动手，自己决定自己的生活。

因此我们试着去寻找与之相对应的知识以及工具，即"生活的版型"。

第9回
研究课题

从"版型"说起

"版型"，是方便人们进行复制的一种工具。

有了"版型"，我们可以自己动手做出想要的东西，也能根据自己的喜好对尺寸等细节进行更改。

虽说现在什么都能用钱买到，但制作这个行为里，存在着能够唤醒我们潜在创造力的能量。

不仅制作的过程是开心的，面对自己花时间做出来的东西，人们总会多一份喜爱吧。

动手去制作——我们也许能够找回工业化进程中慢慢被抛弃的珍贵体验。

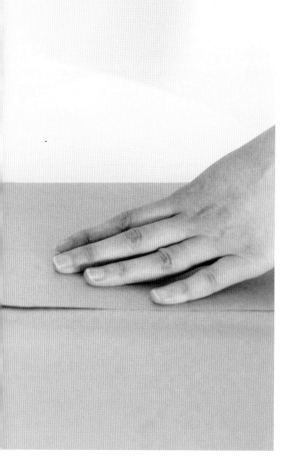

在 20 世纪，地方上会建一座图书馆，引导市民读写。而现在，我们展开了一项活动，计划在每一条街道上开一家工作坊。这个名叫"Fab Labo"的活动，目的在于让更多的人学会动手制作东西。工作坊里，会有专门的电子设备接收数字文件，并自动进行立体剪裁。可以说，这种技术的出现，使得单品制作成为可能，改变了构造复杂的产品必须批量生产的现状。新式工具的普及，或许会打造出物品制造的新时代。

本章讨论"版型"，也是物品制造的工具。同时，似乎也可以把它当成制作物品时用来参考的基本知识或者体系。在持续思考"版型"的同时，其实也是在思考我们的生活方式吧。更进一步讲，也是在思考"何为现代的'版型'"、"当今时代如何生活"等根本问题。这次我们访问了 4 位专业人士，通过"制作的版型"探索存在于其背后的"生活的版型"，希望同各位探讨今后生活的方式。

生活中的版型

"一起分享能够更好生活的信息吧。"
20 世纪 60 年代，美国杂志《全球概论》提出了这样的理念。
这本刊载了全领域信息以及智慧的型录，
正是我们所说的"生活版型"。

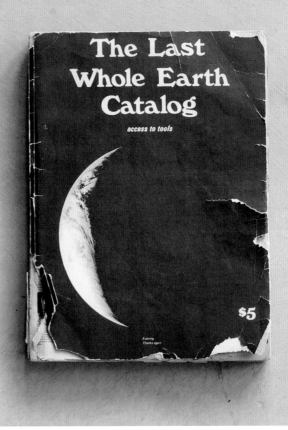

"自己动手" 就是"独立"

《全球型录》是 1960 年代创刊于美国的杂志，它顺应当时年轻人所追求的生活方式而生。杂志上刊登了来自各个领域的信息，为的是向读者提供更好、更丰富的生活参照。史蒂夫·乔布斯的名言"求知若饥，虚心若愚"便是这本杂志最后一期的标题。当时，以嬉皮士为代表的多数年轻人开始意识到，光靠经济的腾飞及其带来的便利，社会是无法顺利运转的，于是他们离开城镇，开始到大自然当中去生活、从事农业等多种社会活动，乔布斯也是其中一员。在当时的社会环境中，这本杂志尝试着推荐世上极好的物品，更尝试着介绍古来的智慧以及经验。从怎么生火到怎么盖房子、怎么种菜、怎么生

宝宝，从火炉到汽车、台式计算机，这是一本刊载了全领域信息及智慧精华的生活型录。

这本杂志的创始人是当时 29 岁的斯图尔特·布兰德 [Stewart Brand]。在整个社会转向消费型社会的过程中，毕业于斯坦福大学生物学系的他努力找寻更加独立、顺应自然构造的生活方式。这不是简单的回归自然，而是通过利用最新科技，直面经济、能源等我们正在面对的课题，在近 50 年以前向人们敲响警钟并进行实践。对布兰德产生莫大影响的，是建筑师、哲学家以及经济学家巴克明斯特·富勒 [R.Buckminster Fuller]。提倡

定期发行时代的最后一期［1971 年］。其后也于 1974 年、
1980 年、1994 年、1998 年不定期发行。现在所有杂
志都在网络上公开。
http://www.wholeearth.com/index.php

考虑全球可持续发展的著名的"地球太空船"方案便来自于富勒。作为建筑师，富勒开发出普通人也能简单盖起来的房子，还构想出覆盖整个城市的巨大网格穹顶，充分高效利用能源。为了帮人们实现独立生活，他还从全球的角度，站在长远发展的角度提出发展方案。而在他开展一系列活动的时期里，电脑、互联网相继诞生。这本杂志追求的是，不依赖技术而是利用业已发展的技术摸索更好的生活方式。这本诞生于 1968 年的杂志，于 1998 年停刊，但它给多数美国人留下深刻印象，作为生活指导手册至今仍倍受重视。

特辑开篇提到这本杂志，是因为我们认为，这本杂志正是"生活的版型"。"版型"既是制作物品的道具，也是一种基础、一种知识的体系。我们不应该只把"版型"看成工具，更应考虑到：借由这个"版型"来过什么样的生活？这其中也许就包含了哲学思想。所谓独立，就是尽量自己动手去做。通过"自己动手"这样的生活方式，应该能够慢慢体会到人类本来就拥有的、同自然之间的协调感吧。在经济发展以及矿物燃料快走到尽头的现代，我们试着把"版型"作为一个关键词，去思考目前为止尚未实现过的生活方式。

版型的基本形态

曾经，面料是需要花费大量时间制作才能得到的贵重物品。
毫无剩余地使用面料的直线裁剪法，可以说是服装的原始形式。
我们采访了设计总监清水早苗，她在 FOUND MUJI 的服装上再现了民族服装的智慧精髓。

为了激活一块布料所拥有的力量。

"动物与植物，并不是为了成为人类的'着装'才出现的。"采访开始，清水说了这么一句话。作为服装的原点，布料是人类在漫长历史进程中，利用植物纤维以及动物皮毛，花时间进行拆分、纺织得到的面料。最开始用这样贵重的布料制作的衣服都是直线剪裁。清水说："织布本身就是件很费劲的事，当时也没有人会想要把布剪开吧。"这么说来，包括希腊罗马时代的服装、日本和服在内的多数民族服装也都是直线剪裁。直线剪裁可以说是服装的原始形式。

直到到十二三世纪，服装的剪裁开始产生变革。在欧洲，不再是男女都穿着版型类似的衣服，那时的服装开始贴合人体曲线，同时变得复杂。为了更熟练使用缺乏弹性的布料，裁缝们必须不停磨练自己的剪裁技术。版型就是衣服的制作方法，它表现的是服装的构造。

我们来看看日本。二战后，日本人日常穿着慢慢从和服转向西服，女性们通过手工制作西服。当时的设计图被称为"原型"，是根据穿着的人的体型画的版型。但随着成衣制造业的发展壮大，"手工制作"渐渐淡出了人

内裆部分也采用直线，基本都
是四边形。这是民族服饰常见
的特点。

亚麻绉绸宽松罩衫
含税 **18000** 日元

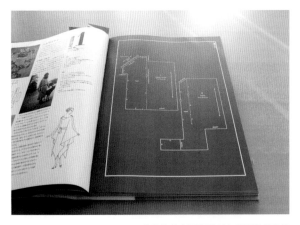

Vionnet 发明的长方形版型创立了现代服装的
基础，这也是受到日本和服的影响。
资料来源：*Vionnet* Betty Kirke 著／求龙堂

们的生活。在经济发展这个巨大齿轮中，人们放弃了这难得的版型、制作衣服的基本操作程序以及乐趣。而且，这个版型多被当成批量生产的设计图。因有了版型，整个时代氛围变的更加统一，反过来时代也被日新月异的设计折腾得团团转。

清水还说："我们容易忘记一件重要的事，那就是，只要弄错一步，便会影响到一块布所拥有的力量，更会影响穿着它的人的心情。"

"服装不应该是这样子的。"基于这样的想法，清水开始接触直裁服装。同时，她也希望通过自身指导的

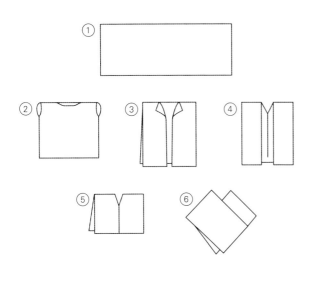

衣服的原型。
许多民族服装都是由四边形演变而来。
日本和服以及朝鲜半岛的短上衣由③演变而成。

腰部松松的阔腿裤会让身体
感到放松。行动方便，是实用
的衣服。

亚麻绉绸阔腿裤
含税 **20 000** 日元

FOUND MUJI 服装，向大家传达可以称之为第二层皮肤的"布料"的重要性。对于無印良品来说，这也是重新审视服装原点的一次工作。

"直线剪裁的基础，是长方形、正方形等四边形。这是自然界中不存在的、人类创造出来的形状。"四边形能够最大限度地使用布料，这种形状借由各地的风俗流传至今。东亚的民族服装由长方形织物拼成，非洲的民族服装则由细长的带状物拼合而成。我们常因为太过常见而不去关注，但从服装的角度来看，四边形是最基础的形状，也可以说是版型的基本形式。

此外，直线剪裁的服装会因为"穿"这个动作产生设计上的变化。这与根据人体曲线设计的西服产生了对比。在酷热地带，能在衣服与身体之间产生空气流通的款型感觉总比贴身款式更凉快吧。

担当 FOUND MUJI 服装设计总监时，清水坚持做到两点。一是材料的选择，希望穿着的人能感受到包覆身体的布料质感。其背后所包含的，是想要支持日本产地的心情，这些地方拥有日本独有的技术，却面临日渐衰退的局面。二是如何利用直线剪裁做出非民族服装的简洁的"现代服装"。做直线剪裁时，前身与后身大片的比重、纵横的比例稍微有些差错的话，都会影响到成衣的效果。用清水的话来说："正因为简单，才能显露出感性。"虽说版型是所有人都能拥有的制作基本工具，可如果要"深入"追究的话，就要考验你的专业技能了。如

果"深入"的事情交给专业人士，那么自己动手的话，直线剪裁的服装肯定会比西式服装来的更容易。即便没有高级缝纫机，没有特别的技术，似乎也能做到直线剪裁。我们想要重新审视版型与直线剪裁，找回自己动手制作的那种"手工的乐趣"。

※ 本商品只在以下店铺销售。
Found MUJI 销售店铺：
Found MUJI 青山、有乐町、池袋西武、Terrace Mall 湘南、难波、MUJI 博多 Canal City 店

清水早苗 Sanae Shimizu
时尚记者

常给设计杂志或报纸撰写服装设计相关的稿件。担任信息杂志编辑，发布日本纤维·时装创新消息。也参与展览指导工作。

建筑中的版型

听到建筑这个词，我们一般会先联想到设计图纸。
但是，把立体的事物转移到二次元图纸上，还是有很多细节无法体现出来。
建筑师鸣川肇正在研究如何将立体转移到平面，
他手上有一套"版型"，作为在具体设计时使用的道具。

版型之中，充斥着庞大的信息量。

建筑有两个起源，一个是由纵横线构成的帕提农神庙，另一个是球体[拱状]的万神殿。横平竖直的设计较为简单，因此大多数人会用这种方法设计建筑。另一方面，球形拱顶的历史也一直被传承下来。不过球体的传达方法是个瓶颈。球体投影到平面图纸之后，就算拿尺子去量，也量不出它的尺寸。

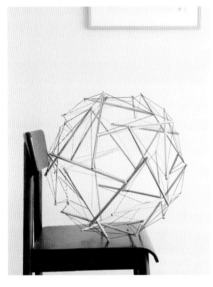

钢丝互相拉扯形成的张拉整体结构模型。如篮球般坚固，扔到地上还会弹回来。

在这种时候，"版型"就能够发挥作用了。鸣川用一个便携式地球仪造型的"版型"[右图]向我们做了说明。展开图只由两种三角形构成，经裁剪组装之后，便能够模拟圆形拱顶的建设方法。"不管用多精巧的CG制作，毕竟它还是平面的东西，而有了模型，只用三角形进行拼装的话，也能让现场看的人安心。"确实，当眼前有一个模型在，整个建筑的构造便一目了然。鸣川把变成立体之前的状态称为"版型"，看了他的模型之后便能够理解为何。

鸣川还给我们看了他的研究成果：地球仪的模型以及将地球仪转变成接近平面状态的过程。鸣川研究出的这个模型，已经投入生产销售，为了确保每一部分都能吻合，鸣川对纸的质感、厚度、折痕等所有细节进行了试验。"版型"是制作地球仪的工具，同时成型之后的"版型"也是一件包含了各种细节信息的精致作品。鸣川所认为的"版型"还具有一个特点，即能够详细说明组装方法。他向我们展示了表现球体张力的模型[左上图]以及构造图[左图]来佐证他的这一想法。"用橡皮圈把5双竹筷子绑起来，再用线头连接，边调整橡皮圈边扩充……"为此，他用29张图做了细致的解说。

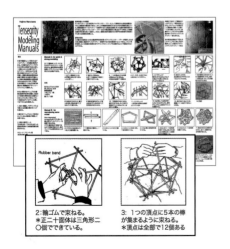

省略掉张拉整体结构组装时复杂的计算，一个人半天就能完成的建模指南。

这个立体球叫做张拉整体结构，是前面介绍的《全球型录》里经常出

AuthaGraph Globe
介绍如何用地球仪制作世界地图的"版型"。将球面的曲线分散到各个平面，同时又尽力保持实际表面积。通过球体中放入的2个立体造型，能够详细了解整个构造。此外，这个地球仪也是以地理、地形、地球为主题的地理相关产品。

现的建筑师斯图尔特·布兰德［1895—1983］想出来的构造。为了组建起这个构造，连富勒的开发团队也投入了"时间与精力"，即便能够理解，真正能把这个球体组装起来的人还是很少，因此基本上没有投入实际使用。

鸣川开始着手做研究的契机是，他听说了斯图尔特·布兰德这个人。利用张拉整体结构，富勒在1968年提出"曼哈顿计划"。用巨大拱顶笼罩曼哈顿，覆盖建筑物凹凸不平的表面，大量减少外表面积以达到能源高效利用，这是一个跨时代的构想。并且富勒构想的是，用20顿重的铝便能打造成直径1600米的世界最轻构造。但由于实际的组装过程太过困难，最终这个构想只是被当成痴人说梦。然而鸣川找到了简单做出张拉整体结构这一困难构造的突破性方法，于是让更多人了解张拉整体结构坚固性、安全性也成为可能。

鸣川在想，这种组装图应该也可以称作"版型"吧，一种与难懂的理论公式无关的，只顺着组装图制作便能了解清楚的"版型"。鸣川的研究超越了我们熟知的平面图、立面图、剖面图的可能性，告诉我们用其他方法也能做出立体的东西，而这过程中需要的就是一个"版型"。

鸣川 肇 Hajime Narukawa
建筑师、构造师

以立体几何学研究为主。从事世界地图的开发以及建筑、构造企划、美术制作等。由他设计及监管的日本科学未来馆"连接项目"于2011年完工。

日本料理里潜藏的版型

日本料理虽好吃，真要自己做的话，还是有挺高难度的。
然而，日本料理的味道，可以通过非常简单的"配比"调和出来。
为我们展示"味道版型"的，是京都有名的老饭馆菊乃井的主人，村田先生。

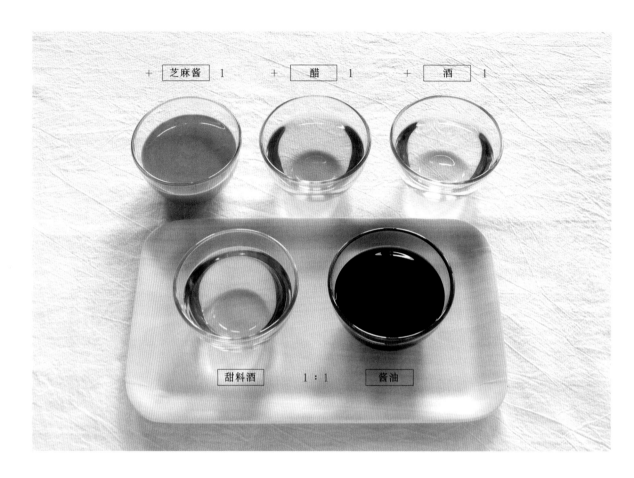

1000 道料理不需要配 1000 份菜谱。

"日本料理是很单纯的。"采访一开始，村田就说了这句话。所谓料理，并非调味料放得越多、时间花得越多越好吃。"尤其是家庭料理，不需要的东西就不放了，不用做多余的点缀。"被精通日本料理的村田这么一说，我们竟有一种遇见了救星的感觉。

虽说日本料理"非常单纯"，但在村田参加训练的时候，却没有所谓的料理准则。那时候会看很多书，把每本书上零散的东西练习起来之后发现"啊，原来是这样子"，才能安下心来。即便有这样的准则，由于日本人"不明说"的文化风气，从没有人说明。村田的书《按比例调

配日料味道》，把这些准则用简单易懂的方式教给大家。这是一本魔法书，教你如何通过简单的比例将调料、汤头混合出很好的味道。从煮食、烤食、酸味、酱汁、汤料到米饭、羹汤，所有家庭料理的调味都用简单的比例表示出来，真可以说是"味觉的版型"。

村田的书里写道：好味道的根本在于，酱油与甜料酒的比例为 1：1。[这里所说的甜料酒不是料酒风味的调料，而是纯正甜料酒。] 土豆炖牛肉、金平牛蒡、熏鱼等基本菜式的调料"有这两味就够了"。提到日本料理的时候，一般会先说"汤头"，而按村田的做法，甚至连"汤头"

1：1	基本调味
	酱油与甜料酒 1:1，很下饭的基础味道。
1：1：1	多样变化
	在酱油与甜料酒之外，加入同量的醋、酒或芝麻酱。
1：1：8	美味煮菜
	加入为汤底调味的"汤头"，做成主菜。
1：1：10	美味干菜
	料理味道较淡的干菜时，将"汤头"的量改成10倍。
1：1：15	应时的煮菜
	以汤头为重头戏，可以与淡味的菜汁共同享用。

村田著书《按比例调配日料味道》［村田吉弘／NHK出版］，
用简单的比例说明日本料理的调味。

都用不上。因为蔬菜与海带一样，都含有谷氨酸，鱼肉也与干松鱼一样含有肌苷酸。既然成分与［海带＋干松鱼］的汤汁相同，那么也不用特地用这两种材料熬汤了。在［酱油与甜料酒1:1］的基础上，或加一种调料增添风味［1:1:1］、或在做煮食时调成［1:1:8］、或在料理干货时调成［1:1:10］，这种简单明了的"比例"仿佛魔术一般。只要记住这些，即便是没有做饭经验的男性也能做出好吃的料理。

村田说，除低盐酱油之外，日本酱油盐分浓度、醋的酸度、甜料酒的糖分都是一样的，因此没有必要因为厂商不同改变这个比例。这可以说受到日本文化对任何事物均刨根问底这一特性的影响。在刨根问底的过程中，事物的本质与规则性也会显现出来。

"光有调味还不够，日本料理的一切都有准则。"村田说道。比如一定要先统一大小。村田给我们说了一些好玩的事。吃东西时，一般人嘴巴会张开成长宽3cm大小。以这个"口内体积"为基准考虑的话，能够轻易放入口腔的食物大小均要控制在3cm左右。再考虑到筷子的空间，就得控制在3cm×2cm×1cm的程度，并且这个大小最能品尝到食物的美味。此外，令人惊奇的是，盛放寿司酱油的小碟尺寸也刚刚好能够放入3cm×2cm×1cm大小的生鱼片。对于怎样才能持得更舒适、更美味，古人甚至连食器的尺寸都考虑到了。对此村田也发表了看法："这体现了日本料理承载的筷子文化所具有的特点。"

这种说法也可以用到日本建筑上。比如一张榻榻米的尺寸被固定之后，隔扇的尺寸也就确定下来，也能够知道柱子的粗细，并定下挂轴的大小。如果说，通过一定程度上的定义，在保证适度以及品质的前提下，其产生安稳平静的光辉可以称之为日本文化的话，那么这些定义也许就是日本文化的"版型"。

日本的"料理"是指"衡量、规定法则"。如果规定生食比较好吃，那么黄瓜只是切块也能成为一道料理。料理的世界里，似乎存在着我们尚未了解的"版型"。

菊乃井的秋季菜品。材料自是不用多说，同时在食器及搭配上体现季节感，是日本料理中约定俗成的一项。

村田 吉弘 Yoshihiro Murata
京都料理店"菊乃井"第三代掌柜

往返于京都及东京三家店。偶尔上料理节目。
作为NPO日本料理学院理事长，大力参与、
支持向全球推广日本料理的活动。

家具版型与無印良品

以"版型"为关键词，我们采访了产品设计师深泽直人，
咨询他对于無印良品家具开发的想法。
"版型"不只是平面的纸张，
它也可以是"创作的想法与思考"。

按照1：5的比例制作的模型。布景的所有东西也照同一个比例制作，再现实际空间，也检验家具的造型。

最重要的是，对造型不含糊对待。

如果生活中存在"版型"的话，無印良品的生产制作，便是在发掘生活的"版型"。然后以这些"版型"为原型，对原材料做最小限度的加工，使它们为生活增添魅力——深泽如是说。由此生产出的产品如果用料理来比喻的话，就是类似汤一样的角色。味道非常淡却很美味的汤，总是留有一点空间，你可以再加一点点调料进去。深泽所追求的，正是这种可变性、普遍性吧。

生活一定是伴随着某些行为，吃饭、写字、收拾等等，每一种行为都有最适合的尺寸，因此最适合生活使用的尺寸也就自然而然呈现出来。深泽说弄清这些尺寸是自己的本职工作，每次决定尺寸前必须要制作等大的模型。然后把模型放置到相应空间里做确认。这么一来，自然就能看出自己需要多大的东西。

深泽又说："本来，家具只要有尺寸〔平面〕就好了，不需要厚度也没有支柱，只是漂浮着就好了。"其实只有平面就足够了，但这样的产品是不能称之为家具的。木板的厚度以及造型都是必须的。因此深泽的工作就是，通过最小限度的加工，将平面转换成好看的立体。他要发挥材料的长处，采取合适的厚度与支撑，确定转角的大小、寻找平面转换成立体的那个点。不受流行趋势影

用苯乙烯板等材料制作的等大模型，放到日常生活空间中。这样不仅能够确认大小，也能同时确认板的厚度以及转角。

响，不做任何装饰，最低限度地加工以尽可能保留材料原貌。在这些家具身上我们看不到"作者的想法"。深泽最希望做的是自然而然发生的造物，"就好像人们都会顺势把装筷子的袋子折成筷子筒那样。"

这个想法反映出深泽的"家具并不是拿来观赏的，而是要去使用、感受的"这一哲学。"对于材料研究来说，追求更轻、更薄是必须的，但说'要做出世界上最薄的桌子'那是作者的个人主义。我们在做设计的时候必须考虑，是否能让人们生活变得丰富、是否能让人觉得幸福。"深泽常常自问自答"是不是做过头了？是不是太

收敛了？"这么一来，在工作现场，似乎存在着深泽与员工们共有的、肉眼看不见的"版型"。

深泽直人 Naoto Fukasawa
产品设计师

因其受人类无意识的记忆或行为启发而设计的产品而知名。壁挂式CD机在无印良品得到产品化，并成为纽约现代美术馆收藏。2002年起担任无印良品顾问团团员。2012年7月起担任日本民艺馆第五任馆长。

生活的"版型"

本次特辑里，我们向几位各自领域的专家请教"什么是版型"。这其中，有人认为版型就是字面的用以组装的"版型"；也有人认为版型是一种基础知识与体系；更有人从"版型"的概念发散思维，认为版型是制作的哲学。答案各式各样，不过有一点是共通的，即对信息进行整理、剖析的思维。他们认为不应增加信息量，而应对信息量进行精减，才能筛选出高密度的信息，开展制作。所谓"摸透"便是指的这种思维吧。方便动手制作的"平面版型"与生活中根本的"概念式版型"，多多少少存在一些关联吧。

发掘"自己动手制作的乐趣"——我们感觉这样的时代已经到来，引导我们重新观察、审视生活的根本。让生活更加多彩，也许就是审视生活本源并对生活进行整理吧。当您在审视生活时，希望"版型"的想法能成为您思考的出发点。

無印良品的版型

通过裁切、组装，获得理想中的东西。
并且能够学到自己动手的一些基本常识。
"版型"的这个特点也被用到了無印良品的产品中。

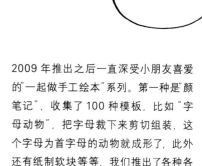

一起做手工绘本
交通工具

2009 年推出之后一直深受小朋友喜爱的"一起做手工绘本"系列。第一种是颜笔记"，收集了 100 种模板，比如"字母动物"，把字母裁下来剪切组装，这个字母为首字母的动物就成形了，此外还有纸制软块等等，我们推出了各种各样的"版型"，为手工游戏提供更多可能。

"交通工具"手工绘本以运行中的交通工具为主题，沿着卡纸上的针眼撕下版型，可以用纸做手工游戏。不用剪刀或胶水，便能做出飞机、警车等 5 种交通工具。因为是纸制的而且又不伤手，方便小朋友玩耍，给车子上色、窗上画个人或者贴上贴纸，就成了独一无二的交通工具。这些绘本增添了动手制作的喜悦感以及玩耍的乐趣。

一起做手工绘本
含税 **1000** 日元 [版卖中]
※ [一起做手工绘本系列]
共有 9 种。

集合了 5 种交通工具的手工绘本内部。左边是可以直接裁切的版型，右边是组装文字说明。

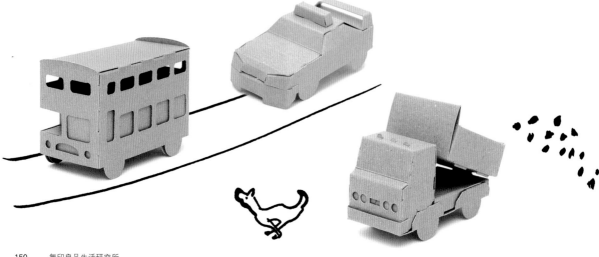

自己制作乐器

纸制太鼓

这款纸制太鼓本体用纸管制成。纸的两面均涂上胶水之后贴在本体上，用附带的橡皮圈固定，放置半天干燥之后完成。制作时间不超过30分钟，但那种制造声音的兴奋感，应该只有制作乐器的时候才能体会到吧。这款纸制太鼓的特点在于它的结实度以及咚咚的鼓声。如果加上图绘或者贴纸，这就成了独一无二的太鼓了。

自己制作乐器 纸制太鼓
含税 **1700** 日元 ※2012年12月中旬发售

纸制三弦

使用与太鼓同样的纸管制作的三弦吉他。如果太鼓是面向入门者的话，那么这个三弦就是中级水平了。声音高低可以通过弦的松紧来调节。制作过程是反复进行组装与干燥，需要的时间为半天左右。制作过程中能充分享受制作的乐趣，完成之后还能拨动琴弦赏玩。而且因为造型好看，不弹的时候还能挂墙上当室内装饰品。

自己制作乐器 三弦
含税 **2900** 日元

※ 预计2013年春季发售
[为了您的使用安全，本产品正在进行试验。]
根据试验结果不同，有可能推迟发售。

令包装好看的版型

即便是一份小小的点心，也想满怀心意地送出去。为了表达送礼之人的感情，这款包装应运而生。只是按照版型剪下的毛毡布，却成为了包装的"版型"，将馈赠之情包装得好看。

顺着版型将毛毡布剪成小块，留几个切口。

边组装边放入礼物，是小点心也能轻易放入的尺寸。

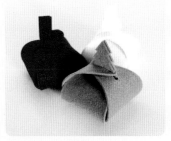

包装顶部是圣诞树、袜子、雪人。

毛毡布礼品盒3个装
[红色：袜子、绿色：圣诞树、白色：雪人]
含税 **1000** 日元 [3个装]

图书在版编目（C I P）数据

無印良品的生活研究所 / 〔日〕無印良品著；张钰译 .
—桂林：广西师范大学出版社，2013.7（2015.8重印）
ISBN 978—7—5495—3505—7

Ⅰ . ①無… Ⅱ . ①無… ②张… Ⅲ . ①家庭生活－基
本知识 Ⅳ . ① TS976.3

中国版本图书馆 CIP 数据核字 (2013) 第 038357 号

出 品 人｜刘瑞琳
责任编辑｜王罕历
中文版式设计制作｜汪 阁　［朱锷设计事务所］

中文版项目策划及完成｜朱锷设计事务所

广西师范大学出版社出版发行

（桂林市中华路22号　邮政编码：541001
网址：www.bbtpress.com ）
出版人：何林夏
全国新华书店经销
发行热线：010-64284815
北京图文天地制版印刷有限公司印装
开本：787×1092mm　1 / 16
印张：9.5　字数：100 千
2013 年 7 月第 1 版　2015 年 8 月第 5 次印刷
定价：59.00 元

印装质量问题，影响阅读，请与印刷厂联系调换。